노화의 비밀

THE SCIENCE OF AGING : FOREVER YOUNG originally published in English in 2013

한림SA 02

SCIENTIFIC AMERICAN™

고령화 시대,
영원한 젊음은 가능한가?

노화의 비밀

사이언티픽 아메리칸 편집부 엮음
김지선 옮김

Forever Young
The Science of Aging

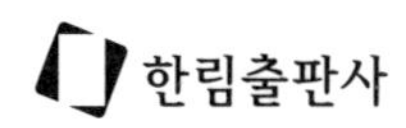

추천사

– 이정모(서울시립과학관장)

'노화'는 현대 생화학에서 가장 뜨거운 주제다. 노화란 '죽음'의 다른 표현일 뿐이다. 사람에게 가장 심각한 문제인 수명은 지난날 마법과 운명의 문제였다. 염색체 마개 역할을 하는 텔로미어의 정체가 밝혀지자 이제 노화와 수명이 과학의 주제로 당당히 올라선 것 같지만, 텔로미어 측정 회사들은 "400유로로 당신의 수명을 예측해드립니다"라는 광고로 대중을 현혹하고 있다.

《노화의 비밀》은 노화와 수명에 대한 최신 연구 성과를 대중에게 쉽게 풀어주는 책이다. 과학적 권위를 확보하고 대중과 소통하는 데 모두 성공한 것으로 보인다. 이제 우리 수명은 아마도 급격히 늘어날 것이다. 하지만 노화에 대한 지식이 깊어질수록 우리는 호그와트 마법학교의 덤블도어 교장 선생님이 한 말을 잊지 말아야 한다.

"위대한 마법사에게 죽음이란 그저 또 하나의 위대한 모험에 불과하단다. 장수와 돈! 대부분 인간들은 무엇보다도 이 두 가지를 선택하지. 문제는 인간들이란 꼭 자신에게 이롭지 못한 것을 선택하는 나쁜 버릇이 있다는 거야!"

추천사

– 이명현(천문학자, 과학 저술가)

일단 믿고 보는 사람이나 믿고 사는 물건이 있듯, 일단 믿고 보는 글도 있다. 글을 쓴 사람에 대한 믿음 때문이기도 하고, 글이 실린 매체의 권위 때문이기도 하다. 1845년 시작된《사이언티픽 아메리칸》의 과학 기사는 그 전통만큼이나 정확하고 정직한 내용으로 잘 알려져 있다.《사이언티픽 아메리칸》은 일단 믿고 보는 글을 생산해내는 몇 안 되는 매체 중 하나다. 여기에 실린 글들의 미덕 중 하나는 전통과 권위의 그늘에서 진부해지거나 고답적일 수 있었던 유혹을 떨치고 늘 최첨단 과학의 내용을 따라잡고 참신하게 풀어낸다는 것이다.

'한림SA'는 그처럼 신뢰 있는《사이언티픽 아메리칸》의 믿고 보는 기사 중에서도 엄선된 알짜 글로 가득한 교양 과학책 시리즈다. 과학은 일반인들이 이해하기가 쉽지 않다. 일상에 바탕을 둔 직관적 믿음을 넘어서는 진리의 세계이기 때문이다. 이 시리즈의 미덕은 현대 과학의 어려운 내용을 비껴가지 않는다는 데 있다. 현대 과학의 복잡한 내용을 생략하거나 비유로만 설명하지 않고, 진지하게 핵심적 내용에 정공법으로 접근하고 있다. 하지만 가능한 한 친절하게 하나하나 설명을 이어간다. '한림SA'의 친절한 설명과 함께 어려운 과학 내용을 따라가다 보면 분명히 지적인 보상을 받게 될 것이다. 이 시리즈는 그런 마력과 매력을 지녔다.

과학과 기술에 대한 이해 없이는 현대를 온전히 살아간다고 할 수 없다. 과학과 기술에 대한 이해는 21세기를 살아가는 현대인들에게 단순한 교양이 아닌 핵심 교양일 것이다. 일단 믿고 읽을 수 있는 매체에 실린 글들을 엮어 만든 이 시리즈야말로 어려운 과학의 문턱을 넘어 현대적 교양인으로 나아갈 수 있는 가장 확실한 지름길을 제시하고 있다. 현대적 교양인을 꿈꾼다면 '한림SA'와 함께 지식 여행을 떠나보자.

추천사

– 김범준(성균관대 물리학과 교수, 《세상물정의 물리학》 저자)

세상에 똑같은 사람은 하나도 없다. 과학자도 저마다 다 다르다. 젊은 시절 고른 하나의 연구 주제에 평생 매진해 결국 전공 분야에서 훌륭한 연구 성과를 내는 사람이 있는가 하면, 변덕이 죽 끓듯 해서 이것저것 주제를 바꾸어가며 매번 새로운 연구를 하는 사람도 있다. 이런저런 사람이 있어서 요지경 세상이 더 재밌게 굴러가는데, 이는 과학도 마찬가지다.

굳이 분류하자면, 나는 아마도 두 번째 부류에 가까운 과학자다. 많은 사람이 흥미롭게 생각하며 한창 뜨고 있는 연구 주제보다는, 그때그때 궁금증이 생기는 문제를 해결하는 것을 좋아한다. "아, 이건 정말 재밌는 문제겠구나" 하고 무릎을 칠 만한 새로운 아이디어가 날마다 떠오르는 것도 아니고, 또 아이디어가 떠올랐다고 해서 모두 구체적 연구로 이어지고 결과를 얻을 수 있는 것도 아니다. 게다가 나는 관심의 지속 시간이 길지 않으므로(나의 관심은 시간에 대해 지수함수적으로 줄어들며, 반감기가 단 며칠도 되지 않는다), 떠오른 아이디어에 타당성이 있어서 당장 연구를 시작하는 것이 좋을지, 너무 황당한 생각이니 빨리 접고 그 시간에 다른 연구를 하는 것이 나을지 빨리 결정해야 했다. 그렇게 해서 내 마음을 사로잡는 아이디어가 떠올랐지만 그 분야에 대해 잘 알지 못할 때면 자주 뒤적이던 잡지가 있다. 바로 《사이언티픽 아메리칸》이다.

과학 분야의 연구가 글로 소개되는 매체로는 과학 잡지(magazine)와 과학 저널(journal)을 들 수 있다. 특정 분야의 과학 논문이 실리는 과학 저널은 사실 그 분야 연구자가 아니고는 읽기가 무척 어렵다. 과학의 연구 분야는 세부적으로 나뉘고 또 나뉘므로, 과학 저널에 실린 논문 모두를 처음부터 끝까지 읽고 이해할 수 있는 사람은 어쨌든 물리학 분야에서는 이제 없다고 할 수 있다. 또 그런 방식으로 저널을 통째 읽으려 하는 사람을 나는 보지 못했다.

학생 시절 나는 논문을 찾으러 도서관을 방문하곤 했다. 서가를 가득 메우고 있는 두툼한 장정들 가운데 베개만 한 책 한 권을 꺼내 들고 종이에 메모해 온 페이지를 펼쳐 딱 한 편의 논문을 읽거나 복사하는 것이 과학 저널을 접하는 표준적 방법이었다(대체로 내가 찾는 논문이 들어 있는 저널은 딱 그것만 서가에서 빠져 있는 경우가 많다. 대학원생이라면 누구나 공감하는 머피의 법칙이다).

우리나라에서도 유명한《네이처(Nature)》와《사이언스(Science)》는 사실 저널이 아니라 잡지로 시작한 매체다. 하지만 심심할 때 커피숍에 앉아 뒤적이며 읽을 수 있는 가벼운 잡지가 결코 아니다. 논문 길이에 제한이 있어서 보통의 과학 저널에 실린 논문들보다 더 이해하기 어려운 논문도 많다. 말로만 잡지지《네이처》와《사이언스》를 일상적 의미의 잡지로 생각하는 과학자는 거의 없을 것이다.

그런데 휴게실 탁자에 떡하니 놓여 있어도 어색해 보이지 않는 과학 잡지가 있다. 커피 한잔 마시며 기분 내키는 대로 뒤적거리다가 재밌어 보이는 칼럼이 있으면 처음부터 끝까지 부담 없이 읽을 수 있는 그런 잡지, 바로《사이언티픽 아메리칸》이다.

한 번도 접해본 적 없는 무지한 분야라도 비전공자 누구나 읽고 이해할 수 있을 정도로 쉽게 설명되어 있고, 칼럼 두어 편만 찾아보면 그 분야의 과거와 현재 연구에 대해 빠르고도 정확하게 알게 해준다. 바로 그 《사이언티픽 아메리칸》에 실렸던 칼럼들이 주제별로 묶여 한 권씩 출판될 예정이다. 이런 책이 없었기에 나는《사이언티픽 아메리칸》의 모든 호를 찾아 서가를 헤집고 다녔다. 지금 학생들이 부럽다.

추천사

– 이은희(과학 커뮤니케이터, '하리하라 사이언스 시리즈' 저자)

과학은 자연현상에 관심을 가진 아마추어의 호기심에서 시작되었다. 하지만 과학이 발전하고 그 분야가 넓어질수록 과학은 전문가들의 전유물처럼 되어 갔고, 과학 연구는 그들만의 리그로 여겨지게 되었다. 여기에 과학이 가져다 준 환상적인 생활의 변화는 과학을 현대판 마법처럼 여겨지게 만들었다. 마치 신비한 비법을 통해 실력 있는 마법사들만이 제대로 구사할 수 있는 무언가처럼……. 어느새 보통 시민들과 과학자들 사이에는 '잃어버린 고리'가 만들어지고 말았다.

그런 점에서 《사이언티픽 아메리칸》의 존재감은 묵직하게 다가온다. 《사이언티픽 아메리칸》은 무려 170년이 넘는 시간 동안 과학적 발견과 그 의미에 대한 매우 전문적인 정보들을 일상적 언어로 가장 정확하고 가장 깊이 있게 전달해주는 어려운 임무를 훌륭히 수행해왔다. 《사이언티픽 아메리칸》의 눈은 동시대를 살아가는 이들이 과학에 어떤 관점을 가지고 있는지 보여주었고, 《사이언티픽 아메리칸》의 입은 과학이 진정으로 하고 싶은 이야기를 들려주면서 오늘에 이르렀다. 그랬기에 그 수많은 이야기들 중에서 엄선된 가장 핵심이 되는 칼럼들이 스무 권의 책으로 묶여 나온다는 소식을 듣고 조금의 망설임도 없이 이를 추천하게 되었다. 이들이 보여주는 다채로운 과학의 색에 같이 물들어가면서, 과학계의 일류 셰프가 요리해 내놓는 진한 과학의 맛을 함께 즐기게 되기를 바란다.

CONTENTS

들어가며

나이는 숫자일 뿐이라고?

오늘날 미국에서 태어나는 아기는 78세 생일을 살아서 맞게 될 것이다. 한 세기 전에 비하면 평균수명이 20년이나 늘었다. 의료 기술, 그리고 예방을 강조하는 공중 보건이 발전하면서 노령층 인구는 계속 증가할 전망이다. 80대와 90대까지도 거뜬히 살 수 있게 된 지금, 인간답게 살 수 있는 시간은 얼마나 될까? 큰 장벽이 두 가지 있다. 시간이 지나면서 세포와 조직에 축적되는 손상, 그리고 암과 알츠하이머 같은 노화 관련 질병이다. 어느 부분을 집중적으로 공략해야 할지를 놓고 연구자들의 의견이 분분한 가운데 이 책《노화의 비밀》은 과학이 노화 과정에 관해 얼마나 알아냈으며, 더 얼마나 알아내려 노력하고 있는지를 살펴본다.

유전자와 환경 둘 다 인간 수명에, 그리고 얼마나 '곱게' 나이 먹는가에 영향을 미친다. 첫 글 '우리는 왜 영원히 살 수 없는가'에서 저자 토머스 커크우드(Thomas Kirkwood)는 자신의 '일회용 체세포(disposable soma)' 이론이 바로 그 이유라고 설명한다. 커크우드는 인체가 생식세포(정자와 난자)를 가장 중시하여, 체세포보다는 생식세포를 유지하는 데 더 많은 에너지를 할당한다는 설을 내세운다. 체세포에 DNA와 단백질의 돌연변이들이 갈수록 축적되고 그것이 세포 노쇠 그리고(또는) 세포 죽음으로 이어지면, 결국 우리 몸이 병마에 무릎을 꿇게 된다는 생각이다.

한편 노화를 설명하는 또 다른 이론이 있는데, 그 이론은 캘리포니아대학교 샌프란시스코캠퍼스의 엘리자베스 블랙번(Elizabeth Blackburn)과 존스홉킨스대학교의 캐럴 그리더(Carol Greider)가 함께 쓴 2장의 세 번째 글 '텔로미어, 텔로머레이스, 그리고 암'에서 이야기할 텔로미어와 관련이 있다. (저자들은 그 내용으로 장차 노벨상을 받는다.) 텔로미어는 DNA의 끝부분으로, 복제 과정에서 염색체를 보호하는 염색체 말단의 '마개'들이다. 그러나 세포가 분열할 때마다 짧아진다. 그다음 글인 '텔로미어가 우리에게 알려주는 것들'에서는 그 후속 연구와, 텔로미어가 어떻게 노화와 관련된 암 같은 질환들의 생체표지(biomarker) 역할을 할 수 있는가에 대한 블랙번과의 대담을 볼 수 있다. 2장 마지막 글인 '노화의 숨은 적 : 노화 세포'에서는 세포 노쇠(텔로미어가 너무 짧아져 세포가 분열을 멈추고 노화한 상태)가 암의 종양 성장을 예방할 수도 있지만 반대로 촉진할 수도 있다는 흥미로운 실험 결과를 살펴본다.

3장은 최근 노화 문제에 불려 나온 유리기(free radical)가 노화에 미치는 영향을 들여다본다. '항산화제라는 신화'는 유리기가 세포를 손상해 노화를 불러오며 항산화제가 거기에 맞설 수 있다는 오랜 믿음에 도전하는 최근 실험들을 살펴본다. 4장은 또 다른 항노화 이론, 즉 칼로리 제한이 노화 관련 질환에 영향을 미친다는 이론에 도전한다. 칼로리를 제한했더니(그리하여 신진대사에 쓰이는 에너지를 세포 유지와 보수로 돌렸더니) 선충과 파리 및 생쥐의 수명이 놀랍도록 연장되었다는 것은 이미 입증된 사실이다. 그러나 '칼로리 절감이 생명 연장으로 이어지지 않을 수도 있다'에서 게리 스틱스(Gary Stix)가 전하듯, 몇십 년에 걸친 한 장기간의 연구 결과 칼로리 제한이 영장류의 수명을 늘려주지 않는다는 사실이 밝혀졌다. 그러니 극한의 다이어트에 돌입할 계획을 세운 독자가 있다면 다시 생각해보기를 권한다.

5장은 알츠하이머, 즉 노화에 의한 치매를 다룬다. 아직 치료 약은 없지만, 임상적인 약물 실험이 여럿 진행 중이다. 연구의 선봉에 서 있는 마이클 울프(Michael S. Wolfe)가 쓴 '알츠하이머를 멈춰라'에서는 시험 중이거나 시험을 거친 몇 가지 약물과, 그것을 뒷받침하는 생물학적 원리를 살펴본다. 마지막으로 6장은 수명 연장 연구 및 생활 습관에 관한 이야기들을 통해 장수를 위한 노력을 살펴본다. 특히 '건강한 몸에 건강한 정신이 깃든다?'는 신체 건강을 유지하고 사회 활동에 참여함으로써 노화에 따른 정신적 쇠퇴를 예방하는 방법을 다룬다. 비록 수명을 150세까지 늘려줄 기적의 알약이 당장 짠 하고 나타날 가망은 없어 보여도, 지금 가지고 있는 삶의 시간들을 최선으로 활용하는 것은 얼마든지 가능하다.

– 진 스완슨(Jeanene Swanson), 편집자

1

시간의 문제 : 노화 과정

1-1 우리는 왜 영원히 살 수 없는가

토머스 커크우드 Thomas Kirkwood

삶이 어떻게 끝날지, 마지막 주와 마지막 날, 마지막 시간을 여러분 뜻대로 결정할 수 있다면 어떤 결말을 택하겠는가? 예를 들어 마지막 순간까지 멋진 몸매를 유지하다 한 방에 가고 싶은가? 많은 사람들이 그쪽을 택하겠다고 말한다. 그렇지만 거기에는 중요한 함정이 하나 있다. 즉 내가 이 순간 아주 멀쩡히 잘 있다면, 다음 순간에 요절하는 것이야말로 가장 피하고 싶은 일이 아니겠는가 말이다. 그리고 한순간에 나와 사별해야 하는 사랑하는 가족과 친구들이 겪어야 할 가혹한 상실의 아픔은 또 어쩔 것인가. 그렇다고 길게 질질 끄는 불치병을 견디는 것 또한 그다지 달갑지 않기는 마찬가지다. 사랑하는 사람이 치매라는 캄캄한 폐허로 사라져버린다는 악몽 역시 그렇고.

우리는 모두 삶의 끝에 관한 생각을 되도록 피하려 한다. 그렇지만 가끔씩이라도 스스로에게 그런 질문들을 던지고, 의료 정책과 연구의 목표를 올바르게 규정하는 것은 건전한 일이다. 과학이 죽음을 회피하려는 노력에 어디까지 힘을 보태줄 수 있을지 알아보는 것 또한 중요하다.

우리는 더 오래 살고 있다

흔히들 우리 조상은 죽음을 더 쉽게 받아들였다고 한다. 어쩌면 그저 죽음을 훨씬 더 자주 보았기 때문일지도 모르지만. 겨우 100년 전만 해도 서양인의 기대수명은 지금보다 약 25년 더 짧았다. 말 그대로 너무 많은 아동과 청소년이 다종다양한 원인으로 미처 피기도 전에 죽었기 때문이다. 전체 아동의 4분의 1은 5세도 안 되어 병에 걸려 죽고, 젊은 여성들은 흔히 출산에 따른 합병증으로 목숨을 잃었으며, 심지어 젊은 정원사가 가시에 손이 찔리는 바람에 치명적인 패혈증으로 죽기도 했다.

지난 한 세기 동안 위생 시설과 의학의 발전 덕분에 생애 초기와 중년기의 사망률이 크게 낮아지고 대다수 사람들이 훨씬 늙은 나이에 사망함으로써, 전체 인구 연령은 그 어느 때보다 높아졌다. 전 세계적으로 기대수명은 여전히 증가하고 있다. 전 세계의 더 부유한 국가들에서는 매일 다섯 시간 이상 늘고 있고, 많은 개발도상국들은 그 속도를 따라잡으려 더욱 박차를 가하고 있다. 오늘날 지배적 사망 원인은 노화 과정 그 자체와, 그에 따른 다양한 질환이다. 세포들이 통제를 벗어나 급증하는 암, 또는 그와 정반대로 뇌세포가 조기 사망하는 알츠하이머가 그 예다.

1990년만 해도 인구통계학자들은 기대수명 증가라는 역사적 경향이 곧 멈추리라고 자신 있게 예측했다. 많은 연구자들은 노화가 정해져 있다고, 예정된 죽음의 시간을 향해 가는 우리의 생물학에 미리 입력되어 있는 과정이라고 믿었다.

기대수명이 지속적으로 증가하리라고는 아무도 예견하지 못했다. 정치학자들과 정책 입안자들은 허를 찔렸다. 과학자들은 노화가 정해져 있지 않다는, 평균수명이 한도에 도달하지 않았다는 개념을 아직 완전히 받아들이지 못하고 있다. 평균수명은 계속 변화하며 늘어나고 있으며, 우리는 그 이유를 완전히 알지 못한다. 최고령 인구의 사망률이 하락하면서 이제 인간의 기대수명은 전인미답의 영역을 향해 가고 있다. 인간 노화에 관한 지배적인 기정사실들이 하나하나 무너지고 있다면, 남은 것은 무엇일까? 노화 과정에 대해 과학이 실제로 아는 것은 무엇일까?

새로운 생각들을 받아들이기가 늘 쉽지만은 않다. 과학자들 역시 인간이고, 우리는 모두 살면서 신체가 어떻게 노화하는가에 관한 고정관념을 굳게 다져왔기 때문이다. 몇 해 전 아프리카에서 가족과 함께 차를 타고 가는데, 염소 한 마리가 갑자기 우리 차로 뛰어들면서 바퀴에 깔려 즉사했다. 여섯 살 난 딸에게 방금 일어난 일을 알아듣게 설명해주었더니, 아이는 이렇게 물었다. "어린 염소였어요, 늙은 염소였어요?" 나는 그것이 왜 궁금하냐고 물었다. "늙은 염소면 어차피 더 오래 못 살았을 테니까 덜 슬프잖아요." 아이는 대답했다. 나는 깊은 인상을 받았다. 이처럼 어린아이들도 이미 죽음에 관한 생각을 가지고 있다면, 현대의 과학자들이 그간 노화에 대해 가져온 과학적 사고들이 대부분 오류라는 현실을 받아들이기 힘들어한다 해서 무엇이 그리 놀랍겠는가.

노화를 통제하는 것이 무엇인가에 관한 현대의 개념을 살펴보려면, 먼저 삶의 최후에 다다른 신체를 상상해보자. 마지막 숨을 쉬고, 죽음이 덮쳐오고, 삶은 끝난다. 이 순간 체세포의 대부분은 여전히 살아 있다. 그리고 방금 무슨 일이 일어났는지 깨닫지 못한 채 하던 일을 계속한다. 주변 환경에서 산소와

양분을 받아들이고 단백질(세포의 주된 공장들)을 비롯한 세포 구성체들이 활동하는 데 필요한 에너지를 생성하면서, 삶을 지탱하는 신진대사 기능을 최선을 다해 수행한다.

잠시 후 산소를 공급받지 못한 세포들은 죽는다. 그 세포들이 죽으면, 뭔가 엄청나게 오래된 것이 조용히 그 막을 내린다. 방금 죽은 신체 세포들 하나하나는, 비록 기록은 남아 있지 않지만, 이 지구상 최초의 세포 생명 형태들이 등장한 그 순간부터 감히 상상하기도 어려운 40억 년이라는 긴 세월 동안 이루어져온 세포분열의 끊어지지 않는 계통을 이어왔다.

죽음은 피할 수 없다. 그렇지만 분명 우리 세포 중 일부는 아주 놀라운 성질을 지녔다. 이 지구상에서 가능한 불멸에 가장 가까운 무언가를 부여받았다는 것이다. 우리가 죽는다 해도 우리 세포 중 극소수는 이 불멸의 혈통을 미래로 이어간다. 단 우리에게 자식이 있는 한. 우리 신체의 오로지 한 세포(정자 하나 또는 난자 하나)만이 각각 살아남은 한 자손을 통해 절멸을 피한다. 아기가 태어나고 성장하고 성숙하여 번식을 하고, 그렇게 삶은 이어진다.

우리가 방금 상상한 시나리오는 우리 신체 또는 모든 비생식세포로 만들어진 '체세포'의 언젠가 죽어야 할 운명만을 보여주는 것이 아니라, 우리가 속한 세포 혈통의 거의 기적적인 불멸성도 보여준다. 노화학(aging science)에서 다른 모든 수수께끼의 근원인 핵심 수수께끼는, 왜 대다수 생물들이 언젠가는 죽을 체세포를 가지고 있느냐이다. 왜 진화는 우리의 모든 세포가 정자와 난자가 가진 생식 혈통이나 생식 계열의 불멸성을 누리도록 만들어주지 않았을까? 그 수수께끼를 처음 제시한 것은 19세기 독일의 박물학자인 아우구스트 바이스만(August Weismann)이었다. 1977년 초의 어느 겨울밤 목욕탕에서 떠오른 생각이었다. 나는 이제 '일회용 체세포 이론'이라고 불리는 그 답이 왜 다른 종들이 그런 식으로 나이를 먹는가를 어느 정도 설명해준다고 믿는다.

우리는 왜 이런 식으로 나이를 먹을까

그 이론은 세포들과 복잡한 조직들이 생존을 위해 겪어야 하는 도전들을 생각해보면 가장 잘 이해할 수 있다. 세포는 늘 손상을 입는다. DNA는 돌연변이를 일으키고, 단백질은 손상되고, 유리기라는 고반응성 분자는 세포막을 무너뜨리는 등 방법도 가지가지다. 삶은 지속적인 유전자 정보의 복제와 번역에 의존하고, 우리는 이런 모든 것을 관장하는 분자 기계가 비록 탁월하긴 해도 완벽하지 않다는 것을 안다. 이 모든 난관을 생각해보면, 생식 계열의 불멸성은 실상 대단히 놀랍다고 할 수 있다.

살아 있는 세포들은 활동하는 내내 지속적으로 붕괴의 위협을 겪고, 생식 계열은 면역력이 없다. 생식 계열이 오류들의 재앙을 만나 죽어 나가지 않는 이유는 한편으로 세포의 그 고도로 세련된 자기 유지 및 보수 기전 덕분이고, 다른 한편으로는 지속적인 경쟁을 통해 좀 더 심각한 오류들을 제거하는 능력 덕분이다. 정자 생산량은 엄청나게 과잉이다. 보통 난자를 수정시키는 것은 튼튼한 정자 단 하나다. 난자 형성 세포들은 배란 가능한 양보다 훨씬 많이 생산된다. 엄격한 품질 관리 아래 필수 기준에 미달하는 것들은 제거된다. 그리고 만약 오류들이 이런 검사들에서 빠져나갈 경우, 자연선택이 다음 세대에 전달하기에 가장 적합한 생식 계열을 가진 것들을 고르는 최종 단계가 있다.

미국의 진화학자인 조지 윌리엄스(George Williams)가 지적했듯, 단 하나의 세포(수정란)로부터 복잡한 신체를 키운다는, 거의 기적과도 같은 위업을 달성하고 나면 한 신체가 그냥 한없이 작동하도록 유지하는 것쯤은 비교적 간단한 일이다. 실로 일부 다세포 유기체들에게는 늙지 않는 것이 당연한 일인 듯하다. 예를 들어 담수산 히드라(freshwater hydra)는 유별난 생존력을 자랑한다. 이 히드라는 나이가 들어도 사망률이 높아지거나 번식력이 저하되는 식으로 노화의 징후를 보이지 않는 것은 물론이고, 심지어 어쩌다 몸이 잘릴 경우 작은 부분에서 전체 신체를 새로 자라게 하는 능력도 있는 듯하다. 히드라가 지닌 영원한 젊음의 비밀은 매우 간단하다. 바로 전신에 분포된 생식세포다. 불멸의 생식 계열이 온몸에 퍼져 있다면, 한 마리의 히드라가 끝도 없이 살아갈 수 있다는 사실은 실제로 전혀 놀라울 것이 없다. 상처를 입거나 포식자에게 잡아먹히지만 않는다면 말이다.

그러나 대다수 다세포동물의 생식 계열은 오로지 정자와 난자가 형성되는 생식샘의 조직에서만 찾을 수 있다. 여기에는 엄청난 이점이 있다. 그 덕분에 다른 유형의 세포들이 그 기나긴 진화사 동안 전문가가 될 수 있었다는 것이다. 그들은 트리케라톱스에서나 인간에서나 한 복잡한 조직의 발전에 필요한 세포들, 특히 신경세포, 근육세포, 간세포가 될 수 있었다.

이 노동 분업은 유기체들이 어떻게 노화하는가, 그리고 얼마나 오래 살 수 있는가에 폭넓은 영향을 미친다. 전문가 세포들은 종을 지속시키는 역할을 포기한 순간 어떤 불멸의 필요성 역시 함께 폐기했다. 그리하여 신체가 생식 계열을 통해 다음 세대로 그 유전적 유산을 넘기고 나면 죽을 수 있었다.

궁극적 거래

그렇다면 그런 전문가 세포들은 얼마나 오래 살아갈 수 있을까? 다른 말로, 우리를 비롯한 복잡한 유기체들은 얼마나 오래 살 수 있을까? 어떤 주어진 종의 한계수명은 그 조상들이 진화하면서 겪은 환경적 위협들, 그리고 좋은 신체 상태를 유지하는 데 드는 에너지 비용과 깊이 관련된다.

단언컨대 자연적 유기체의 대다수는 사고나 포식자 및 감염과 굶주림 때문에 비교적 어린 나이에 죽는다. 예를 들어 야생 생쥐의 목숨은 아주 위험한 환경이 베푸는 자비에 달려 있다. 그들은 다소 빨리 죽음을 맞는다. 야생 생쥐가 첫 생일을 살아서 맞는 일은 흔치 않다. 박쥐들은 날 수 있기 때문에 더 안전한 편이지만.

한편 신체는 유지비가 많이 들고, 자원은 보통 제한되어 있다. 매일 섭취한 에너지는 일부는 성장에, 일부는 육체적 노동과 이동에, 그리고 일부는 번식에 할당된다. 일부는 어쩌면 기아를 대비해 지방으로 저장될 수도 있지만, 많은 부분은 그저 그 유기체가 살아 숨 쉬는 매초 일어나는 헤아릴 수 없는 오류들을 바로잡기 위해 태워진다. 이런 희소한 자원들의 또 다른 일부는 단백질을 비롯한 필수 분자들의 지속적 합성에 관여하는 유전 암호 교정에 쓰인다. 그리고 분자 폐기물을 치워주는, 에너지에 굶주린 쓰레기 수거 기전의 동력원으로도 쓰인다.

여기가 일회용 체세포 이론이 끼어드는 부분이다. 그 이론은 종들이 진화 도중에 거래를 해야만 한다고 상정한다. 마치 우리 인간이 한 상용품, 예를 들면 자동차나 외투를 제조하는 경우와 비슷하다. 빤히 예측 가능한 시간 틀 안에서 죽음을 점칠 수 있는 환경이라면, 무기한적 생존을 목표로 투자하는 것은 쓸모없는 짓이다. 종이 살아남으려면, 한 게놈은 기본적으로 한 유기체를 좋은 형태로 유지하고 주어진 시간 안에 성공적으로 재생산하게 만들어야 한다.

삶의 모든 단계, 심지어 가장 마지막 단계에서까지 신체는 살아 있기 위해 할 수 있는 최선을 다한다. 다른 말로, 신체의 프로그램은 노화나 죽음이 아니라 생존을 위해 짜여 있다. 그렇지만 자연선택이라는 극심한 압박 아래서 종은 영원히 살아갈 신체를 만들기보다 성장과 번식(종의 영속)에 투자하는 쪽을 우선시한다. 그리하여 평생에 걸쳐 망가진 분자들과 다양한 형태의 세포 손상이 서서히 축적되면서 노화가 일어난다.

그 후 죽을 시간이 언제인지 정해놓은 생물학적 프로그램 같은 것은 없다. 다만 우리가 얼마나 오래 살지에 영향을 미치는 특정 유전자들의 존재를 짐작케 하는 증거들이 점점 늘고 있다. 1980년대에 톰 존슨(Tom Johnson)과 마이클 클라스(Michael Klass)가 아주 작은 선충들을 대상으로 한 실험에서 그와 같이 장수에 영향을 미치는 한 유전자를 발견했다. 연구자들이 'age-1'이라고 이름 붙인 그 돌연변이 유전자는 선충의 평균수명을 40퍼센트 증가시켰다. 그 이후로 여러 실험실에서 선충의 수명을 늘릴 수 있는 수많은 다른 유전자들이 발견되었다. 그리고 초파리에서 생쥐까지, 다른 동물들에서도 비슷한 돌연변이들이 발견되었다.

장수 유전자들은 대체로 한 유기체의 신진대사를, 즉 유기체가 신체 기능을 위해 에너지를 사용하는 방식을 바꾼다. 연구 결과에 따르면, 이런 유전자들은 신진대사 규제의 핵심 과정인 인슐린 신호 경로에 작용하는 경우가 많았다. 이 경로를 이루는 분자들의 연쇄적 상호작용은 세포를 유지하고 수리하는 모든 복잡한 과정을 통제하는, 말 그대로 몇백 가지 다양한 유전자 활동의 전반적 층위를 변화시킨다. 결국 수명을 연장하려면 우리가 신체에 손상이 축적되지 않도록 막아주는 과정이라고 생각하는 바로 그 과정들을 건드려야 할 것 같다.

구할 수 있는 식량의 양 역시 신진대사를 크게 증가 또는 감소시킨다. 놀랍게도 연구자들은 이미 1930년대부터 실험실의 설치류에게 충분한 영양을 공급하지 않으면 수명이 연장된다는 사실을 발견했다. 다시 말하지만, 신진대사를 조절하면 손상이 축적되는 속도에 영향이 가는 듯하다. 왜냐하면 생쥐들에게서 식단을 제한하면 유지와 보수 체제의 활동이 전반적으로 증가하기 때문이다. 먹이가 부족한 동물이 신체 유지에 더 적은 에너지가 아니라 더 많은 에너지를 소비한다는 말은 얼핏 이상하게 들릴 수도 있다. 그러나 먹을 것이 부족한 시기는 번식에 좋지 않은 시기이고, 일부 동물들이 식량 부족기에 생산성을 변화시켜 남는 에너지의 대부분을 세포 유지에 분산함으로써 생존 가능성을 높인다는 것을 짐작케 하는 증거들이 몇 가지 있다.

에너지 거래와 노화의 관계

'일회용 체세포' 이론에 따르면, 노화가 일어나는 것은 우리 신체가 생식을 할지 아니면 좋은 상태를 유지할지를 놓고 거래를 해야 하기 때문이다. 에너지 공급량이 제한되어 있으니, 정자와 난자를 만들고 보호하는 데 에너지가 쓸리면 피부, 뼈, 근육 등의 '체세포'를 좋은 상태로 유지하는 데 드는 에너지는 줄어든다. 그 결과, 시간이 지남에 따라 세포에 손상이 축적되면서 결국 이곳저곳의 조직들이 병든다. 신체 기능이 어느 정도 이상으로 쇠퇴하면 죽음이 따라온다.

신체의 에너지 분배 방식

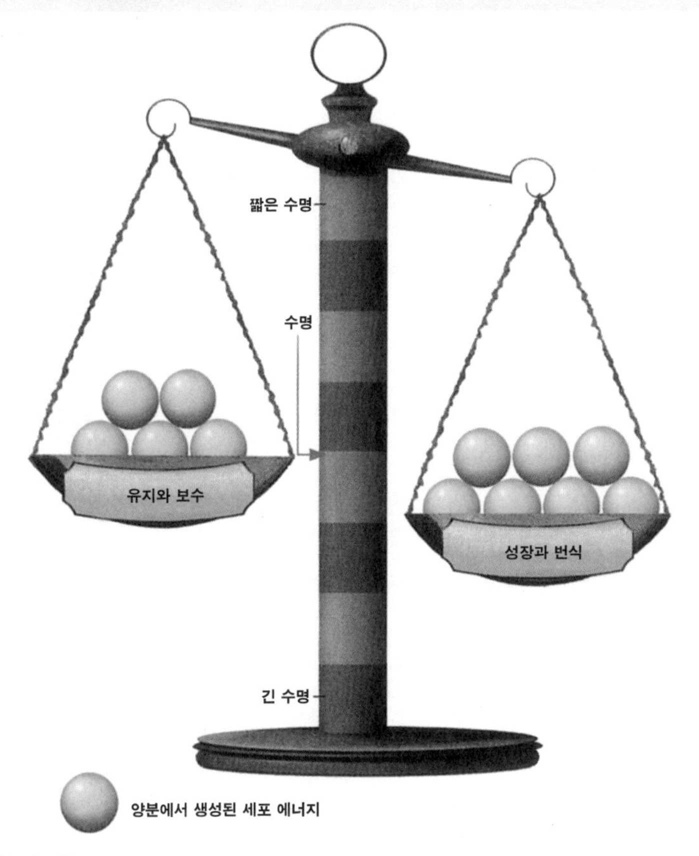

일러스트 : Jon Krause

보수를 소홀히 한 결과는 점진적 쇠퇴로 나타난다

뇌
기억과 반응 시간은 70세 무렵부터 점점 느려질 수 있다.

눈
40대부터는 가까이 있는 물체들에 초점을 맞추기가 힘들어진다.
세밀한 부분을 보는 능력은 70대부터 저하된다.
50대부터는 환한 빛에의 민감성이 높아지고, 흐린 빛 속에서
보고 움직이는 표적을 탐지하는 능력은 떨어진다.

폐
최대 폐활량은 20세에서 75세 사이에 40퍼센트 떨어진다.

심장
최대 운동 시 심박률은 20세에서 75세 사이에
25퍼센트 떨어진다.

척추 디스크
척추를 구분하는 스펀지 같은 디스크들은 오랜 압박을
받아서 빠지거나 깨지거나 튀어나올 수 있고,
결국 신경을 압박해 통증을 유발할 수 있다.

뼈
세월에 따른 뼈의 미네랄 손실 속도는 35세경에 재보충 속도를
넘어서기 시작한다.
손실은 폐경기 여성에게서 특히 가속화된다.

관절
오랜 세월의 반복된 움직임으로 관절을 보호하는 미끄러운 덮개가
얇아지면, 뼈들은 서로 맞부딪치면서 갈린다.
골관절염을 비롯한 질병들이 있는 경우 고통은 더욱 심화될 수 있다.

혈관
심박 사이에 단단히 닫혀 있어야 하는(혈액이 심장을 향해 계속
움직이도록) 작은 밸브들이 오작동을 일으켜 피가 고이면서 다리의 혈관이
부풀고 꼬이기 시작한다. 심각한 정맥류성 종창은 부종과 통증을 유발하고,
드물게는 생명을 위협하는 혈전으로 이어질 수도 있다.

일러스트 : Jason Lee

생쥐와 인간은 다르다

이러한 칼로리 제한 개념과 그 수명 연장 능력은 더 오래 살고 싶어 하는 사람들의 관심을 끌어왔다. 그렇지만 더 긴 수명을 바라고 굶으려 하는 사람들은 그런 기전이 우리에게 효과가 덜할 가능성이 높다는 데 주의해야 한다. 우리의 신진대사는 이 전략이 검증된 유기체들의 신진대사와는 엄청나게 다르고 그 속도도 느리기 때문이다.

실제로 선충과 파리, 생쥐 실험은 극적인 수명 연장 결과를 보여주었다. 수명이 짧고 연소가 빠른 이런 동물들은 변화하는 환경에 재빠르게 적응할 수 있도록 신진대사를 관리하는 것이 몹시 중요하다. 예를 들어 선충의 경우 수명에 미치는 한층 극적인 효과들의 대부분은, 언제든 불리한 환경을 인식하고 더 좋은 생활 조건을 찾아 오랜 이동을 해야 할 때 발달 형태를 스트레스 저항 쪽으로 바꿀 수 있게 진화한 돌연변이들에서 나온다. 우리 인간들은 그처럼 유연하게 신진대사를 바꿀 수 없다. 물론 우리 역시 자발적으로 식단을 제한함으로써 신진대사에 즉각적 영향을 미칠 수 있지만, 그것이 노화 과정에, 특히 장수에 어떤 이로운 영향을 미칠지는 시간(그리고 오랜 굶주림의 세월)만이 말해줄 것이다. 그러나 인간 대상 노화학 연구의 목표는 므두셀라 급의 수명을 얻기보다는 말년의 건강을 증진하는 데 있다.

또 한 가지 매우 명확한 요인이 있다. 더 긴 수명을 얻은 선충과 파리와 생쥐 역시 여전히 노화 과정을 겪는다. 노화는 시간이 흐르면서 손상이 축적되어 건강했던 신체 기능들이 고장 나기 때문에 일어난다. 따라서 우리가 실제로 더 나은 말년을 원한다면 다른 곳을 볼 필요가 있다. 특히 결국에는 노화에 따른 쇠퇴와 장애 및 질환을 유발할 손상의 축적을 억제하거나 되돌릴 방법을 알아내는 데 초점을 맞춰야 한다. 그것은 오늘날 진행 중인 가장 시급한 학제 간 연구들에 막대한 도전과 요청을 제기한다.

간단한 답은 없다

노화는 복잡하다. 그것은 분자에서 세포, 그리고 조직까지 온갖 층위로 신체에 영향을 미친다. 또한 다양한 분자 및 세포 손상과도 관련이 있다. 그리고 비록 일반적으로 이 손상이 나이와 더불어 축적되고 일부 세포 유형에서는 다른 것들에서보다 더 느리게 일어난다는 것이 사실이긴 하지만(보수 시스템의 효율에 따라), 어떤 세포에게든 손상은 무작위로 일어나고, 심지어 한 사람 몸 안에 있는 동일한 유형의 두 세포라 해도 그 손상 정도가 각각 다를 수 있다. 따라서 모든 개인은 나이를 먹고 죽지만, 그 과정은 상당히 다르다. 그 사실은 우리가 얼마나 빨리 쇠하고 죽는가를 특정해놓은 어떤 유전 프로그램이 노화를 초래하지 않는다는 사실을 더한층 확정해준다. 특정한 세포 유형들을 정확히 조준해 죽음을 멈추거나 느리게 만들 수 있을 정도로 노화를 속속들이 이해하려면, 세포 층위에서 노화 과정을 야기하는 분자 결함(molecular defect)들의 본질을 파악할 필요가 있다. 이런 결함들이 얼마나 많이 누적되면 세포가 더는 기능할 수 없게 될까? 어느 한 조직이 죽음의 신호를 보여주려면 그전에 얼마나 많은 세포가 누적되어야 할까? 다른 것들보다 더 중요하게 초점을 맞춰야 할 조직들을 찾아냈다고 할 때, 그 필요한 정확성을 어떻게 달성할 수 있을까?

세포가 손상 축적에 맞서기 위해 사용하는 중요한 기전을 변화시킴으로써 노화에 맞선다는 방법은 충분히 그럴싸하게 들린다. 세포가 너무 마모되었을 때 반응하는 한 가지 간단한 방식이 있다. 자살이다. 한때 과학자들은 전문 용어로 '아포토시스(apoptosis)'라고 하는 이 세포 자살 과정을 노화가 유전적 프로그램을 따른다는 증거로 보았다. 노화된 조직에서는 세포 자살의 빈도가 높아지고, 이 과정은 실제로 노화에 기여한다. 그렇지만 우리는 이제 아포토시스가 주로 문제를 일으킬 가능성이 있는, 특히 악성 세포가 된 손상된 세포들에서 신체를 보호하는 생존 기전으로 작용한다는 것을 안다.

아포토시스는 오래된 조직에서 더 흔히 일어나는데, 그런 조직의 세포가 더 많은 공격을 겪었기 때문이다. 그렇지만 자연에서 동물들은 늙어 죽을 정도로 오래 사는 일이 드물다는 사실을 잊어서는 안 된다. 아포토시스는 비교적 어린 조직에서 소수의 손상된 세포들을 제거할 필요가 있을 경우 거래를 하기 위해 진화한 과정이다. 만약 너무 많은 세포가 죽으면 그 조직이 기능하지 못하거나 약해지기 시작한다. 그러니 아포토시스는 좋으면서 나쁘다. 위험할 수 있는 세포들을 제거할 때는 좋지만, 세포를 너무 많이 제거할 때는 나쁘다. 자연은 노년기의 쇠퇴를 막기보다 젊은 나이의 생존에 더 신경을 쓴다. 그러니 아포토시스가 우리의 말년에 절대적으로 필요하지는 않을 수 있다. 연구자들은 뇌졸중 같은 일부 질환에서 덜 손상된 조직의 아포토시스를 억제함으로써, 그 결과로 세포 손실을 줄여 회복을 도울 수 있기를 희망한다.

1-1

손상되었지만 분열 능력을 가진 세포들은 보통 자살보다 온건한 경로를 택하는데, 그냥 분열을 멈추는 것이다. 그것은 '복제노화(replicative senescence)'라고 한다. 지금은 캘리포니아대학교 샌프란시스코캠퍼스에 있는 레너드 헤이플릭(Leonard Hayflick)은 50여 년 전에 세포들이 정해진 횟수(지금은 '헤이플릭 한계Hayflick limit'라고 불리는)만큼 분열한 후 멈추는 경향이 있음을 발견했다. 그리고 후속 연구에서는 염색체 말단을 보호하는 마개, 다른 말로 텔로미어(telomere)가 너무 짧아지면 분열을 멈출 가능성이 높다는 사실이 밝혀졌다. 그렇지만 세포 노화의 다른 상세한 과정들이 어떻게 시작되는가는 아직 흐릿한 채였다.

그렇지만 동료들과 나는 짜릿한 발견을 했다. 각 세포가 DNA와, 에너지 생성 단위인 미토콘드리아의 손상 정도를 감시하는 고도로 세련된 분자 회로를 가졌다는 것이다. 손상 정도가 어떤 역치를 넘어선 세포는 아직 신체에서 유용한 기능을 할 수는 있지만 다시는 분열할 수 없는 상태로 자신을 가둔다. 아포토시스에서도 그랬듯, 자연은 어린 개체의 생존에 편향되므로 아마도 이 모든 제재는 반드시 필요하지 않을 수도 있다. 그렇지만 우리가 암의 위험을 불러일으키지 않으면서 그 세포들을 도로 데려오고, 그리하여 노화된 세포들의 분열 능력을 일부 복원하려면, 세포 노화가 어떻게 작용하는지를 아주 속속들이 이해할 필요가 있다.

그것을 알아내는 것은 만만찮은 과학적 과제라 분자생물학자, 생화학자, 수학자, 그리고 컴퓨터 과학자를 아우르는 학제 간 연구팀이 필요했다. 살아 있는 세포의 손상을 촬영하기 위한 최첨단 장비들 또한 필요했다. 그 발견들이 어디로 이어질지는 아직 모르지만, 어쨌거나 이런 연구들을 통해 우리는 노화 관련 질병들과 맞서 완전히 새로운 방식으로 싸우게 해주는 혁신적인 약물들을 찾아내기를, 그리하여 말년에 만성적 질병들로 시달리는 시간을 단축하기를 희망할 수 있다. 이 같은 유형의 기초과학 연구에 따르는 어려움을 감안할 때, 그런 약물들이 시장에 나오려면 여러 해, 아니 어쩌면 몇십 년이 지나야 할 수도 있다.

노화학을 통해 더 행복한 말년을 확보하려면 극복해야 할 도전이 있다. 그것은 아마도 의학이 직면한 도전 중 가장 큰 것이리라. 불멸을 파는 장사꾼들이 칼로리 제한이나 레스베라트롤(resveratrol)* 같은 보조 식품들로 수명을 연장할 수 있다고 아무리 떠들어도, 해법은 쉽게 손에 들어오지 않을 것이다. 이 도전을 맞이하려면 인간의 재주를 몽땅 발휘해야 한다. 나는 우리가 더 나은 말년을 손에 넣는 것을 목표로 하는 치료법들을 개발할 수 있고, 개발하게 되리라고 믿는다. 그렇지만 마지막이 다가오면 우리는 모두 (혼자서) 죽음이라는 사실을 받아들여야 할 것이다. 그리고 그것이야말로 삶에 더욱 주력해야 할 이유이다. 우리를 구해줄 마법의 묘약 따위가 없다면, 가진 삶의 시간을 가장 잘 활용해야 하지 않겠는가.

*폴리페놀의 일종으로, 항암 및 강력한 항산화 작용을 한다.

1-2 여자는 왜 남자보다 오래 살까

하비 사이먼 Harvey B. Simon

"여자들이 좀 남자 같으면 얼마나 좋을까." 이것은 브로드웨이 뮤지컬 〈마이 페어 레이디〉에서 헨리 히긴스 교수가 부르는 우스꽝스러운 노래의 가사다. 그렇지만 수명에 관해 이야기한다면, 히긴스가 불러야 할 노래 가사는 달라질 것이다. 수명에 관한 한, 남자들이 좀 여자 같으면 얼마나 좋을까. 실제로 여자들은 남자보다 더 오래 산다. 그렇지만 어째서? 남자들이 여자들을 따라잡으려면 뭘 해야 할까? 따라잡을 수는 있을까?

지난 반세기 동안 미국인의 기대수명은 매년 서서히, 하지만 꾸준히 증가했다. 이러한 경향은 주로 더 건강한 식단과 규칙적 운동을 강조하는, 의학 진단과 치료 분야의 극적인 진보 덕분이다. 그리고 미국적 생활양식의 변화와 흡연율 감소도 한몫했다. 그러나 변하지 않은 것이 하나 있다. 남녀의 기대수명 차이이다. 더 오래 살게 된 것은 남녀 공통이지만, 여성의 기대수명은 줄곧 남자들을 앞섰다. 1930년에 미국인 여성의 평균수명은 61.6세였고, 남자는 58.1세였다. 2002년 무렵 여자와 남자의 평균수명은 각각 79.9세와 74.7세로 증가했다.

그 적지 않은 차이는 노년기 미국인의 인구통계학이 보여주는 놀라운 특성들 때문이다. 남편과 사별한 여성은 65세 이상 전체 여성 인구의 절반을 차지하는데, 그것은 그 나이대의 전체 남성 인구에서 아내와 사별한 남성이 차지하는 비율의 세 배에 이른다. 65세의 미국 여성 100명당 남성 수는 70명에 불과하다. 85세에는 여성 100명당 남성이 고작 38명이다. 그리고 성별 차이는 그보다 더 고령에도 유지되어, 100세를 넘은 여성들의 수는 남자들을 아홉 배로 앞선다.

성별 격차는 미국의 고유한 현상이 아니다. 신뢰할 수 있는 건강 통계를 가진 모든 나라에서 여성은 남성보다 더 오래 사는 것으로 보고된다. 그 현상은 적어도 건강 통계 자체만큼이나 오래된 것으로, 200년 전 유럽에서 기록된 데이터를 보면 여성이 남성보다 3년 가까이 더 오래 살았다. 장수의 성별 차는 산업사회(서유럽과 오스트레일리아에서 79세 대 73세)나 개발도상국(사하라사막 이남 아프리카에서 54세 대 51세)에서 동일하게 나타난다. 그것은 남녀의 노화 과정에 기본적인 생물학적 차이가 있음을 짐작케 하는 보편적 현상이다.

의사들은 여성들이 더 오래 사는 이유를 콕 집어 말하지 못하지만, 많은 요인이 개입될 가능성이 있다. 남성들은 수정되는 그 순간부터 여성들과 다르다. 모두 유전자 때문이다. 남성의 Y염색체는 태아의 고환이 남성 호르몬인 테스토스테론을 분비하는 임신 중기에 성 분화를 시작한다. 성적 특성을 결정하는 데 배아의 호르몬이 중요한 영향을 미치는 것은 분명하지만, 장수에 영향을 미치는 그들의 역할은 그만큼 분명하지 않다. 그래도 새로운 연구는 배아기의 사건들이 성인기의 건강에 영향을 미칠 수 있음을 짐작케 한다. 예를 들어 (흔히 임신기의 형편없는 영양 섭취에 따른) 출생 시의 저체중이 성인 남성에게서 심장마비와 뇌졸중의 위험을 높인다는 사실이 연구를 통해 밝혀졌다. 따라서 인생 초기의 성호르몬 수치가 인생 최후의 사건들에 영향을 미칠 가능성이 있어 보인다.

에스트로겐과 테스토스테론

사실 장수의 성별 차는 배아 생명 자체에서 처음 등장한다. Y염색체를 가진 정자세포는 X염색체를 가진 정자들보다 더 빨리 헤엄칠 수 있다. 그 결과 여아 100명당 남아 115명이 수정된다. 그렇지만 아직 완전히 알지 못하는 이유로 남성 배아는 여성 배아보다 유산될 확률이 더 높아서, 출생 시 남아 대 여아의 격차는 104 대 100으로 떨어진다. 유아기와 초기 아동기까지 남아의 사망률은 지속적으로 여아를 앞서지만, 테스토스테론이 효과를 나타내고 소년들이 남자처럼 행동하기 시작하는 사춘기까지 그 차이는 크지 않다. 그러나 15세에서 24세까지는 오토바이 사고와 자살 같은 폭력성 원인들로 남성 사망률이 여성의 세 배까지 치솟는다. 25세 무렵에는 여성 인구수가 남성을 압도하고, 성별 격차는 그 후로 10년 단위마다 계속 벌어진다. 여성의 에스트로겐과 남성의 테스토스테론 수위의 차이는 비록 기대수명의 다양성을 완전히 설명해주지는 않지만 성별 격차를 설명하는 가장 간단한 방법이다. 생식연령 동안 여성은 남성보다 심장병을 앓을 가능성이 훨씬 낮다. 차이를 만드는 요인은 에스트로겐이다. 여성 호르몬은 LDL('나쁜') 콜레스테롤을 낮추고 HDL('좋은') 콜레스테롤을 높인다. 폐경 이후 에스트로겐 수위가 곤두박질치면서 LDL은 올라가고 HDL은 떨어진다. 그렇다면 심장병이 더 나이 든 남성에게서는 물론이고 더 나이 든 여성에게서도 주도적인 사망 원인이라는 사실 역시 놀랍지 않다. 그렇지만 폐경 후에 에스트로겐을 섭취하는 여성들은 심장병 발병률이 50퍼센트가량 낮아진다. 또한 대장암과 아마도 알츠하이머, 그리고 그와 비슷한 뇌졸중 발병 확률도 줄어든다는 이점이 있다. 심지어 폐경 후 호르몬 요법 없이도 여성들은 사춘기에서 폐경기에 이르는 30~40년 동안 높은 에스트로겐 수치를 유지한다. 남성보다 최고 40퍼센트 더 높은 그 수치는 성별 격차를 설명하는 데 도움이 된다.

에스트로겐은 여성들을 보호하고, 심장병과 뇌졸중의 위험을 떨어뜨림으로써 장수를 증진한다. 비록 남자들은 에스트로겐이 훨씬 적지만, 테스토스테론이 더 많다. 고환의 라이디히 세포(Leydig cell)에서 생성하는 테스토스테론은 배아기에 높은 수준으로 올라가 남성 성기가 발달하는 데 핵심 역할을 한다. 그리고 1세경에는 수치가 낮아져 사춘기까지 그대로 유지되다가, 성인기에 다시 치솟는다. 그리고 그 수준을 유지하다가 약 40세 무렵 하락을 시작한다. 그렇지만 그 하락 정도는 1년 평균 1퍼센트 정도로 매우 느리고, 대다수 남성은 테스토스테론 수치가 정상보다 한참 떨어졌을 때조차 계속해서 정자 세포를 생산한다.

테스토스테론은 남자를 만든다. 이 호르몬은 남성의 특성인 큰 근육, 강한 뼈, 깊은 목소리와 점점 벗겨지는 이마 선을 담당한다. 정자 생산과 생식력에 필수적이고, 비록 정확한 과정은 모르지만 성욕과 성 능력에 중요한 역할을 한다. 또한 남자들을 전형적으로 여자들과 구분 짓는 공격적 행동 패턴들에 기여한다. 그렇지만 테스토스테론이 남자들을 아프게 만들 수도 있을까? 일부 운동선수들이 불법으로 복용하는 안드로겐(androgen, 남성호르몬)은 대량으로 복용할 경우 건강에 해로울뿐더러 흔히 일탈적 행동, 간 종양, 불임과 심장병의 원인이 된다. 약물 과용과 천연 테스토스테론은 별개다. 그렇지만 남성 신체에서 생산되는 정상적 수치의 테스토스테론조차 수명을 단축하는 질환의 발병률을 높일 가능성이 있음을 보여주는 새로운 증거가 있다.

한 가지 분명한 예는 전립선이다. 전립선에서는 테스토스테론이 디하이드로테스토스테론(DHT)으로 전환되는데, 남성이 나이가 들면서 그 호르몬으로 인해 전립선비대증(BPH)이 발병할 가능성은 최고 80퍼센트까지 높아진다. 전립선비대증은 화장실에 더 오래 붙잡아두긴 해도 보통은 수명을 단축하지 않는다. (비대해진 전립선은 요도를 압박하여 오줌발을 약하게 한다.) 그렇지만 DHT는 미국 남성 사망 원인의 약 3퍼센트를 차지하는 전립선암을 유발하는 호르몬이기도 하다.

그러니 테스토스테론이 결코 전립선의 벗이 아니라는 점은 분명하지만, 그것이 심장병과 혈액순환에 미치는 영향은 그보다 더 복잡하다. 이 호르몬의 수치가 높으면 HDL 콜레스테롤의 수치가 떨어질 수 있다. 하지만 자연적인 범위로는 혈중 콜레스테롤 수치에 큰 영향을 미치지 않는다. 몇몇 소규모 연구 결과를 통해 테스토스테론 처방이 동맥의 유연성을 증가시키고, 심장으로의 혈류를 높이며, 손상된 심장의 펌프 능력을 끌어올릴 가능성이 있음이 밝혀졌다. 그러나 현재 데이터는 불완전할뿐더러 상충하기도 한다. 테스토스테론이 심장을 보호하는지 망치는지를 판가름하려면 더 많은 연구가 필요하다.

남자들은 염색체를 바꿀 수 없고, 아무리 장수를 위해서라 한들 호르몬을 바꾸려는 사람도 거의 없을 것이다. 그렇지만 성별 격차를 더욱 증가시키는 몇 가지 생활양식들을 포기하면 남자들도 여자들을 어느 정도 따라잡을 수 있다.

흡연과 음주

1960년 이전에 여성 흡연자는 남성에 비해 훨씬 드물었다. 예를 들어 1955년에 성인 남성의 56.9퍼센트가 흡연자인 데 비해 성인 여성은 겨우 28.4퍼센트였다. 하지만 그 이후로 그 수치는 엇비슷해졌다. 여성의 흡연율은 1965년에 33.9퍼센트로 정점을 찍은 후 서서히 떨어져 2001년에는 20.7퍼센트를 기록했다. 그렇지만 미국 질병통제예방센터에 따르면, 같은 기간 남성 흡연율은 25.2퍼센트로 크게 하락했다.

만약 흡연이 장수 격차의 원인들 중 하나라면, 흡연율이 거의 대등해진 지금도 왜 그 격차는 벌어지기만 할까? 그것은 흡연이 서서히 죽음을 불러오기 때문이다. 오늘날 흡연을 시작하는 사람들은 그 습관에 대해 높은 대가를 지불하겠지만, 그 지불 기한은 한참 후일 것이다. 불행히도 여성들은 한 세대의 흡연에 따른 대가를 지금 치르고 있다. 비교적 최근인 1960년대만 해도 미국 여성의 폐암 발병은 드문 일이었지만, 미국 암학회에 따르면 2004년 현재 암 사망률의 선두에 서서 매년 6만 9,000명의 목숨을 앗아가고 있다.

갈수록 여성들의 동참률이 높아지고 있긴 하지만, 흡연과 마찬가지로 알코올중독 역시 전통적으로 남성의 문제다. 소량에서 적정량 정도의 알코올은 심장병 위험을 낮춰 남성의 건강을 지켜준다. 그렇지만 지나친 알코올 섭취는 수명을 줄일 뿐만 아니라 고혈압, 뇌졸중, 간 질환 및 사고와 다양한 암의 발생률을 높인다. 과음은 많은 미국 남성들의 수명을 단축해왔다.

식단과 건강관리

남자와 여자의 식단 차이 또한 여자들이 더 오래 사는 이유를 설명하는 데 도움이 될 듯하다. 대부분의 경우 여자들은 남자들보다 더 건강에 좋은 식사를 하고, 채소를 더 많이 먹고, 고기를 더 적게 먹는다. 1997년에 미국 농무부에서 실시한 연구에 따르면, 남자들이 하루에 섭취하는 평균 지방량은 96그램으로 매일 칼로리 섭취량의 약 44퍼센트를 차지한다. 그와는 대조적으로 여성들이 지방에서 섭취하는 칼로리는 전체의 32퍼센트에 불과하다. 2000년경 남성의 식이 지방 섭취율은 33퍼센트로 하락했지만, 미국에서 '진짜 남자들'은 여전히 브로콜리를 먹지 않는다. 좀 먹어야 하는데 말이다. 남자들은 고기와 감자라는 꿈의 식단을 포기하고 채소, 과일, 곡식과 생선을 택해야 한다. 식단은 실제로 차이를 만든다. 정말이다.

1992년에 핀란드 과학자들은 높은 철분 수치와 관상동맥 질환 위험의 엄청난 증가 사이의 관계를 밝힌 보고서를 발간하여 심장학계에 충격을 안겼다. 여자들은 월경 때마다 철분이 빠져나가므로, 그 연구는 폐경 전 여성에게서 심장마비 발병률이 낮은 것이 낮은 혈중 철분 수치 덕분이라는 추측을 강화했다. 1997년 핀란드의 한 연구 결과로 헌혈하는 남자들이 하지 않는 남자들보다 심장병 발병 확률이 더 낮다는 것이 밝혀지면서, 그 발견들은 사실로 확정되는 듯했다.

철분은 남성이 심장 질환을 겪기 쉬운 이유를 설명해주는가? 아마 아닐 것이다. 그 질문을 검토한 연구들은 모두 철분과 심장 질병 사이의 관계를 입증하는 데 실패했다. 모순되는 데이터의 문제를 해결하려면 연구가 더 필요할 듯싶다. 남자가 헌혈을 해야 할 이유라면 얼마든지 있지만, 현재로서는 장수가 그중 하나는 아닌 듯하다.

장수에 기여하는 더 중요한 요인은 여자들이 남자들보다 자기 건강을 더 잘 보살핀다는 것이다. 여자들은 건강검진과 예방 치료에 더 부지런을 떤다. 자기 몸에 귀를 기울이고 의사들에게 문제의 신호들을 더 잘 보고한다. 심지어 건강 관련 잡지도 더 많이 읽는다. 동네 서점의 건강 관련 코너를 둘러보면 알 수 있을 것이다. 여성 건강에 관한 책들은 남성에 비해 훨씬 더 많은데, 출판사들은 소비자의 요구에 반응하기 때문이다. 잡지들 역시 마찬가지다. 하버드의과대학교의 《위민스 헬스 워치(Women's Health Watch)》는 1993년에 창간되었지만, 《하버드 멘스 헬스 워치(Harvard Men's Health Watch)》는 그 3년 후에나 창간되었다.

평일에 1차 진료소인 내과의 대기실을 둘러보면 마치 부인과에 온 듯한 기분이 들지도 모른다. 여자들이 남자들보다 의사를 훨씬 더 자주 찾기 때문이다. 1998년에 CNN과 《멘즈 헬스(Men's Health)》에서 실시한 조사에 따르면, 여성 응답자 가운데 전해에 건강 문제와 관련해 검진을 받은 비율은 76퍼센트인 반면 남성의 경우는 64퍼센트에 불과했다. 그 격차는 15세에서 44세 사이에서 특히 두드러진다. 그리고 남자들은 기껏 병원에 가서도 증상을 줄여서 말하는 경향이 있다. 걱정거리가 있어도 얼버무리고, 심지어 의사의 권고를 무시하기도 한다. 남자들이 그처럼 형편없는 환자들이 되는 이유는 이해하기 어렵다. 바쁜 업무와 다양한 책임과 관심사들 탓도 있겠지만, 아마 마초 정서가 주범이 아닐까 싶다. 남자들이 존 웨인이* 되고 싶어한다 해서 그 누가 욕할 수 있으랴? 그렇지만 남자들은 그 근육질 미국 남성의 표본을 좇느라 심장병과 폐암, 존 웨인을 72세 나이에 쓰러뜨린 바로 그 질환들에서 자신들을 지켜줄 수 있는 간단한 방법들을 무시한다.

*서부극이나 전쟁 영화에 주로 출연한 미국 영화배우.

비만과 스트레스

남자들이 스스로를 심장병에서 보호할 수 있는 또 다른 방법은 규칙적인 운동이다. 미국 남성들은 여성들에 비해 운동을 할 확률이 약간 더 높지만, 남자들 가운데 3분의 2는 규칙적인 운동을 하지 않고, 약 4분의 1은 어떤 육체적 활동에도 전혀 참여하지 않는다. 대체로는 운동 부족과 형편없는 식단 때문에, 전체 미국인 남성의 3분의 2라는 엄청난 수가 과체중(BMI 25 이상)이거나 비만(BMI 30 이상)이다. 미국인 여성의 대다수 역시 과체중이지만, 차이가 있다.

여성들은 주로 엉덩이와 허벅지에 체중이 몰린('서양 배 모양') 반면, 남자들은 허리선에 몰려 있다('사과 모양'). 과학자들은 그런 차이가 나타나는 원인을 알지 못하지만, 어쩌면 복부 지방이 스트레스에 반응하여 생성되는 호르몬인 아드레날린에 좀 더 민감하게 반응한다는 사실과 관련이 있을지도 모른다. 아드레날린이 혈류로 분비될 때, 복부 지방 세포들은 유리지방산(free fatty acid)을 더 다량으로 분비하는 경향이 있다. 그 결과로 치솟는 에너지는 '투쟁 또는 도피' 상황을 맞은 선사시대 남성들에게 매우 유용했다. 어쩌면 남자들의 사과 모양 진화는 그 때문일지도 모른다. 그렇지만 유리지방산은 시간이 흐르면서 간의 정상 기능을 손상하고 당뇨병, 고혈압, 심장병과 뇌졸중의 위험을 높일 수 있다. 따라서 남성의 복부 비만은 여성의 하체 비만보다 훨씬 더 위험하다. 미학은 별도로 하고, 대다수 여성의 체형은 남자들보다 바람직하다.

어쩌면 스트레스는 그 자체로 관상동맥 질환의 위험을 높이는 한 요인일지도 모른다. 정력적인 미국 남성의 전형(성공적인 비즈니스맨이지만 혈압이 높고 결국 관상동맥이 협착된)은 적지 않은 진실을 담고 있다. 그런 성격은 A유형으로 분류되는데, A유형 행동(그리고 거기에 수반되는 불안과 스트레스 및 적개심)이 심장병 위험 요인임을 짐작케 하는 증거들이 있다. 그리고 A유형은 여성보다는 남성에게서 더 흔히 볼 수 있다. 더 짧은 기대수명 때문에 스트레스를 받는 남자들이라면, 어쩌면 느긋한 태도를 배움으로써 그 간극을 약간이나마 좁힐 수 있을지도 모른다.

유전자를 탓하든 호르몬이나 사회적 기대를 탓하든, 어쨌거나 남자들은 전형적으로 여자들보다 더 공격적이다. 심지어 원시사회에서도 여성들이 더 안전한 채집을 담당한 반면 남자들은 위험한 사냥을 맡았다. 산업사회에서도 남자들은 위험한 직업과 취미를 추구한다. 가장 큰 위험은 남자들 사이의 폭력적 충돌이다. 전쟁은 별도로 치더라도, 폭력과 외상에 의한 남성 사망률은 여성 사망률을 훨씬 넘어선다. 25세 이하의 남자들은 살인의 희생자가 될 확률이 여자들의 여덟 배나 된다. 여자들은 출산이라는 특유의 도전에 직면하긴 하지만, 현대의 산모 사망률은 위험과 폭력 성향에 따른 남성 사망률에는 비할 수 없을 정도로 낮다.

더욱이 남자들은 사회적 지지, 즉 친구와 가족 같은 인맥에서 도움을 받지 못할 때가 많다. "사람들은 좋은 약이다"라는 격언은 진실이다. 지지 인맥은 흔한 감기부터 심장마비에 이르는 다양한 질환의 위험을 줄인다. 적어도 일부 연구에서 지지 그룹들은 암 환자들의 치유 전망까지 향상시켰다. 그와는 대조적으로, 사회적 고립은 심장병의 위험 요인임이 밝혀졌다. 그간 수많은 연구는 여성들이 남성들보다 자신의 감정을, 그리고 다른 여성들의 감정을 더 민감하게 인식한다는 사실을 보여주었다. 남자들이 화성에서 오지 않았듯 여자들 역시 금성에서 오지 않았지만, 활발한 대인 소통은 지구의 여자들이 왜 남자들보다 장수하는지를 설명하는 데 도움이 될지도 모른다.

더욱이 대다수 인류 사회에서는 거의 늘 여성들이 육아의 책임을 맡는다. 그렇지만 몇몇 다른 종에서는 암컷과 수컷이 집안일을 더 공평하게 분담한다. 어쩌면 장수가 부모 노릇의 대가일 수 있을까? 그것을 알아내기 위해 캘리포니아공과대학교의 과학자들은 원숭이와 유인원 및 인간의 성별 기대수명을 검사했다. 그리고 암수가 새끼를 키우는 책임을 비슷하게 분담하는 종은 양성의 기대수명이 비슷하다는 사실을 발견했다. 그러나 수컷이 육아에 참여하지 않는 종들의 수컷은 암컷만큼 오래 살지 못했다. 물론 이것은 양육 행위가 반드시 수컷의 수명을 보태준다는 뜻이 아니며, 어쩌면 자연선택 때문에 육아를 하는 수컷들의 유전자에 더 긴 수명이 새겨져 있을 가능성이 있다. 그렇지만 젊은 아버지들은, 나는 원숭이가 아니라며 기저귀 갈기나 젖병 데우기를 등한시하지 않는 편이 현명할 것이다.

여자들은 왜 남자들보다 오래 살까? 설명은 양성의 생물학과 행동의 차이에 달렸고, 복잡하다. 오늘날의 변화하는 세계에서는 여성들이 좀 더 남자들처럼 행동하는 듯하다. 적어도 건강에 관한 한 그것은 방향을 잘못 잡은 것이다. 히긴스 교수에게는 미안하지만, 남자들이야말로 좀 더 여자 같아져야 한다.

1-3 마음이 젊은 '슈퍼 노인들'

샌드라 업슨 Sandra Upson

인간은 나이를 먹으면서 지독한 고통을 겪는다. 머리카락은 빠지거나 가늘어져 둥근 빈터를 남기고, 피부는 처지고 주름이 생긴다. 또한 뇌에서는 반응 시간을 늦추고 기억을 흐리게 하는 변화들이 시작된다. 뇌의 가장 바깥층인 대뇌피질이 점점 얇아지고, 그 얇은 부분이 점차 늘어가는 것은 이 인지적 변화와 어느 정도 관련이 있다고 여겨진다.

그렇지만 모든 사람이 같은 식으로 나이를 먹지는 않는다. 그리고 알고 보면 모두가 기억력이 감퇴하고 피질이 얇아지지도 않는다. 노스웨스턴대학교의 슈퍼 노화 프로젝트(Super Aging Project)에서는 표준적인 기억력 검사를 통해 50~60세의 평균적 능력을 충족하거나 초월하는 80대 노인 48명을 선별해 연구했다. 뇌의 MRI 스캔 결과, 그들이 실제 초능력을 가졌음이 입증되었다. 이 슈퍼 노인들은 더 어린 사람들과 행동만 동일한 것이 아니라, 뇌도 동일해 보인다. "실로 놀랍게도, 전혀 아무런 변화도 보이지 않았습니다." 2011년 신경과학학회 회담의 포스터 세션(poster session)에서 그 프로젝트의 초기 연구 결과들을 제시한 테레사 해리슨(Teresa Harrison)의 말이다.

초능력을 가진 80대 피험자의 뇌를 50대와 60대 피험자들과 비교하는 것과 아울러, 연구자들은 그 나이대의 평균적 인지능력을 가진 80대 피험자들도 관찰했다. 그들은 중년 피험자들과 슈퍼 노인들에 비해 상당한 회백질의 손실을 보여주었다.

그러나 한 영역이 두드러진다. 알고 보니 슈퍼 노인들은 양 비교군보다 좌측 전측대상피질이 훨씬 두꺼웠다. 전측대상피질은 일반적으로 오류 탐지, 집중력, 그리고 동기부여에 한몫을 담당하는 것으로 알려져 있지만, 나이 든 사람들의 인지능력을 유지하는 데 어떤 역할을 하는지는 아직 연구되지 않았다.

이 지점에서 주의할 부분이 있다. 현재까지 제시된 데이터는 겨우 12명의 피험자를 관찰한 결과이다. 나머지는 이 글을 쓰는 지금도 여전히 분석 중이다. 아울러 주임 연구자인 에밀리 로갈스키(Emily Rogalski)가 주도하는 그 프로젝트는 아직 전측대상피질의 역할을 살펴보지 않았다. 다음 단계는 슈퍼 노인들과 통제군의 뇌 영역 사이의 연결성을 비교하고, 이런 사람들을 뛰어나게 만드는 요인을 설명해줄 만한 유전적 요인들을 탐구하는 것이리라.

슈퍼 노인들의 생활양식은 환경적 원인보다 유전적 요인에 방점을 찍는 듯하다. 적어도 겉으로 보기에 그들은 20~30세 더 어린 사람에 맞먹는 기억력 말고는 서로 아무런 공통점도 없다. 해리슨에 따르면, 한 피험자는 매일 하이힐을 신었고, 밤마다 위스키를 마셨으며, 남편 넷을 먼저 보냈다. 그리고 홀로코스트를 겪고 살아남았다. 또 다른 80대 여성은 상냥한 성격에 가정주부로 평생을 보냈으며, 암에 걸려 화학요법을 받았다. 몇몇 슈퍼 노인들은 고등학교를 중퇴한 반면, 뛰어난 업적을 이룬 학자들도 있었다. 일부 피험자들은 거의 평생 흡연을 했다. 오랫동안 유기농 식단을 고수해온 피험자가 한 명 있긴 했다. 열두 가지 이상의 약물을 복용한 사람들이 있는가 하면, 아무것도 복용하지 않는 사람들도 있었다.

어떤 생활양식을 선택하느냐가 노년기의 인지능력을 유지하는 데 별 역할을 하지 않는다고 말하는 듯한 이 결과는, 뭔지는 몰라도 소수의 행운아가 지닌 유전적 비약을 갖고 태어나지 못한 우리에게는 나쁜 소식처럼 들릴지도 모른다. 아니면 건강한 식단을 유지하고, 규칙적으로 운동하고, 사회 활동에 참여하는 등의 흔한 장수 전략보다 약물적 개입을 추구해야 한다는 신호일 수도 있다. 우리는 노화라는 정해진 시스템을 비웃기라도 하듯 권총보다 더 빨리 뇌세포를 발사하며 석양을 향해 말을 달리는 이 늙은 반항아들을 사랑할 수밖에 없을 것이다.

2

유전 메트로놈 : 텔로미어

2-1 유전자가 우리를 늙게 만든다?

케이티 모이스 Katie Moisse

"내가 몇 살로 보여요?" 누가 그렇게 물었을 때, 올바른 대답은 없다.

그런 딜레마에 직면하면 우리 대부분은 낮춰서 대답한다. 어차피 틀릴 바에야 정직보다는 선의의 거짓말을 택하는 것이다. 어쨌거나 다른 사람의 나이를 알아맞히기 어렵다는 것은 진실이며, 아마도 놀이공원 직원이나 거리 공연자가 아니라면 굳이 하지 않는 편이 좋을 것이다.

왜 일부 사람들은 실제보다 더 늙어(또는 젊어) 보일까? 과학자들은 답을 찾아냈을지도 모른다. 《네이처 제네틱스(Nature Genetics)》에 발표된 보고서의 공저자인 레스터대학교의 닐레시 사마니(Nilesh Samani) 교수에 따르면, 생활 연령은 생물학적 연령(각 세포분열 이후 염색체의 상태)과 매우 다르다. 사마니에 따르면 생물학적 연령은 텔로미어, 즉 귀중한 유전자들을 매일의 마모에서 보호하는, 염색체 양 끝의 길이와 관련 있다. 우리는 정해진 길이의 텔로미어를 가지고 태어나며, 이들이 세포분열 때마다 짧아지는 것이 노화를 야기한다고 과학자들은 생각한다.

그렇지만 모든 텔로미어가 평등하게 태어나지는 않는다. 텔로미어 길이는 사람마다 다르지만 형제들끼리는 비슷하여, 어느 정도 유전적 영향을 받는다는 것을 짐작케 한다. 사마니와 동료들은 거의 3,000명의 사람들로부터 수집한 혈액세포의 게놈에서 50만 가지 이상의 다양한 유전자 변종들(자연적으로 일어나는, 단일염기single-nucleotide 차이들)을 분석했다. 연구자들은 한 특정한 유전자 변종을 가진 개인들이 텔로미어가 더 짧다는 사실을 발견했다. 즉 그런 약한 유전자들은 충전재를 더 적게 가지고 있는 셈이다. 그 변종은 TERC(telomerase RNA component)라는 유전자 근처에 놓여 있고, 더 이전의 동물 연구들은 TERC 발현이 낮은 것이 더 짧은 텔로미어 및 더 빠른 생물학적 노화와 관련 있음을 보여주었다.

그 변종을 가진 사람들은 그 변종을 갖지 않은 동일한 생활 연령의 사람에 비해 텔로미어 길이에 따라 평균 3~4세 더 늙어 보였다. 또한 유전자량* 효과도 있었다. 그 변종을 두 개 가진(양친에게서 하나씩 물려받은) 사람은 6~8년의 추가적인 노화 효과를 겪었다. 그 변종을 두 개 가진 50세는 58세와 같은 길이의 텔로미어를 가졌다는 뜻이다. 킹스칼리지런던의 공동 연구 지도자 팀 스펙터(Tim Spector)에 따르면, 그것은 어떤 사람들이 더 빠른 속도로 노화하도록 유전적으로 프로그램되어 있다는 의미이기도 하다.

*세포 가운데 존재하는 특정 유전자의 수.

사마니는 사람들이 그 유전자 변종을 가졌을 확률이 비교적 높다고 말한다. "우리가 연구한 사람들 가운데 약 7퍼센트는 그 변종 유전자를 두 개, 약 38퍼센트는 한 개를 가졌습니다." 그렇지만 실제로 더 짧은 텔로미어를 가진 사람이 육체적으로 더 나이가 들어 보이는지는 밝혀지지 않았다. "흥미로운 질문이긴 하지만 아직은 거기까지 살펴보지 않았습니다." 사마니는 후속 연구에서 외모 나이를 측정하는 법을 궁리하고 있다. "어쩌면 참가자들의 사진을 찍어서, 다른 사람에게 그들의 나이를 맞히게 해볼 수도 있겠지요." 사마니는 장난스럽게 덧붙인다.

심장병 전문의이자 심장학 교수인 사마니는 그 유전자를 가진 사람에게서 심장병 같은 노화 관련 질병이 발생할 위험이 더 높은지 여부에 더 흥미가 있다. "80대에 매우 정상적인 동맥을 가진 사람들이 있는가 하면, 40대에 심혈관 질환을 앓는 사람들도 있습니다." 사마니가 발표한 이전 연구는 텔로미어 단축과 심장병을 연관 지으면서, 생물학적 연령이 생활 연령보다 노화 관련 질병들과 더 관련이 깊을 가능성을 제시했다. "우리는 생물학적 노화의 표지(텔로미어 길이)를 가지고 있으므로, 이런 노화 관련 질병들의 발생 위험도와 그것을 관련 지을 수 있지 않을까 연구하고 있습니다. 그것은 확실히 생물학적 노화라는 개념의 확고한 토대가 될 것입니다."

사마니는 이제 그 유전자들이 어떻게 텔로미어를 더 단축하는가를 연구할 계획이다. "어쩌면 그것이 TERC를 조절할지도 모르지만, 그건 앞으로 연구를 통해 밝혀야 합니다." 그 유전자를 가진 사람들이 흡연을 하거나 비만이거나 운동을 안 하면(모두 텔로미어에 해로운 요인들) 더 빠른 생물학적 노화를 겪을지도 모른다.

2-2 겁이 많으면 더 일찍 늙는다?

캐서린 하먼 Katherine Harmon

여러분은 넓게 트인 공간에서 공황을 일으키는가? 아니면 폐쇄된 좁은 공간에서? 높은 장소나 거미류 주변(꺅!)은 어떤가? 이런 공포를 자주 느끼거나 공포에 시달린다면, 여러분은 공포불안장애를 가졌을지도 모른다. 그렇다고 여러분이 별난 것은 아니다. 미국인의 8퍼센트는 적어도 한 가지의 공포불안장애를 가지고 있다.

이런 심리적 스트레스는 모두 육체적 건강에 영향을 미칠 수 있다. 최근의 한 연구는 강렬한 공포 불안이 중년과 노년의 여성에게서 더 빠른 생물학적 노화, 그리고 아마도 관련된 건강 문제들을 유발할 수 있음을 시사한다.

"스트레스가 노화를 앞당기는지, 그렇다면 그 과정은 무엇인지 궁금해하는 사람들이 많습니다." 연구 공저자이자 보스턴의 브리검여성병원에서 정신과 의사로 근무하는 올리비아 오케릭(Olivia Okereke) 박사는 대답한다. 박사와 동료들은 그 생각을 검증하는 데 착수했다.

연구자들은 지속적인 간호사건강연구(Nurses Health Study)에서 얻은 42~69세 여성 5,243명의 혈액 표본과 연구 결과를 검토했다. 그리고 공포 불안 정도가 가장 강한 여성들이 그보다 여섯 살 더 많은 여성들과 동일한 생물학적 표지를 가졌음을 밝혀냈다. 그 결과들은 과학 잡지 《PLoS One(Public Library of Science One)》에 발표되었다.

오케릭 박사와 동료들은 세포분열 도중에 유전 정보가 소실되지 않도록 보호 역할을 하는 염색체 말단의 텔로미어를 살펴보았다. 우리의 텔로미어는 나이를 먹으면서 자연적으로 짧아진다. 과학자들은 산화스트레스(oxidative stress)와 염증이 이 단축을 유발한다고 생각한다. (특히 나이에 비해 더 짧은 텔로미어는 더 높은 심장병 및 암과 치매의 발병 위험과 유관할 가능성이 있다.)

오케릭 박사의 말에 따르면, 그 결과들은 "심리학적 스트레스의 흔한 형태(공포 불안)와 조숙한 노화의 기전으로 추정되는 것 사이의 연관 관계"를 보여준다. 그러나 박사는 현재의 연구가 불안이 실제로 텔로미어 단축을 야기했는지 확인하는 검사를 하지 않았음을 언급했다. 박사와 동료들의 논문을 보면, "비록 문헌은 초기 단계지만, 특히 산화스트레스와 염증을 통해 더 짧은 텔로미어와 불안의 상관관계를 뒷받침하는 생물학적 타당성들이 존재한다."

공포 불안은 종종 생애 초기에 시작되고, 특히 여성에게서 흔히 나타난다. 그렇지만 긍정적인 면은 치료할 수 있다는 것이다. 실제로 공포가 텔로미어를 단축한다면, 이런 불안들을 치유함으로써 몇백만 인구를 조숙한 노화 및 노화 관련 질병의 위험에서 구제하는 것이 가능할지도 모른다.

2-3 텔로미어, 텔로머레이스, 그리고 암

캐럴 그리더 Carol W . Greider · 엘리자베스 블랙번 Elizabeth H. Blackburn

"염색체의 끝부분인 텔로미어에서는 텔로머레이스(telomerase)라는 특수한 효소가 작용한다. 그 효소는 많은 인체 종양에서 발견되어 암 치료의 새로운 표적으로 주목받고 있다."

자연 세계에서는 겉보기와 실제가 다른 경우가 많다. 바다 밑의 바위는 독이 있는 물고기일 수도 있고, 정원의 한 송이 아름다운 꽃은 어쩌면 먹잇감을 기다리는 육식 곤충일지도 모른다. 이와 같은 외양과 실제의 차이는 염색체(그 유전자들을 함유한 선형 DNA의 끈들)를 비롯한 세포의 몇몇 요소들에도 해당된다. 한때 염색체 양끝의 DNA는 고정된 듯 보였다. 그렇지만 대다수 유기체에서 텔로미어라는 그 말단은 실제로 늘 변화하고 있다. 반복적으로 짧아지고 길어진다.

1980년 이래 이 예기치 못한 유동성에 대한 연구는 놀라운 발견들을 수없이 낳았다. 특히 텔로미어에 작용하며 많은 인간 암의 필수 요소로 여겨지는 텔로머레이스라는 특수한 효소의 발견으로 이어졌다. 이러한 발견은 그 효소를 억제할 수 있는 약물이라면 다양하고 폭넓은 악성 종양에 맞서 싸울 수 있을지도 모른다는 희망을 뜨겁게 달구었다. 또한 시간 경과에 따른 텔로미어의 길이 변화가 인간 세포의 노화에 한몫할 가능성이 열리기도 했다.

텔로미어와 텔로머레이스에 대한 현대의 관심은 1930년대에 두 명의 탁월

한 유전학자가 실시한 실험에 뿌리를 두고 있다. 당시 미주리대학교 컬럼비아캠퍼스에 있던 바바라 매클린톡(Barbara McClintock)과, 당시 에든버러대학교에 있던 헤르만 J. 뮐러(Hermann J. Müller)이다. 두 연구자는 각자 다른 유기체들을 대상으로 독립적으로 연구한 결과, 염색체들이 말단에 안정성을 제공하는 특별한 요소를 가졌음을 따로따로 밝혀냈다. 뮐러는 그리스어로 '끝'을 뜻하는 '텔로스(telos)'와 '부분'을 뜻하는 '메로스(meros)'에서 '텔로미어(telomere)'라는 용어를 만들어냈다. 매클린톡은 이 양 끝의 마개가 없으면 염색체가 서로 들러붙어 구조적 변화를 일으키고 다양한 일탈 행동을 한다는 점에 주목했다. 이런 활동들은 염색체의, 그리고 결과적으로 그들을 함유한 세포들의 생존과 충실한 복제를 위협한다.

그러나 텔로미어의 정확한 구조가 확인된 것은 1970년대에 들어서였다. 1978년에 당시 예일대학교의 조지프 G. 골(Joseph G. Gall)과 공동 연구 중이던 블랙번은 연못에 사는 단세포 섬모충인 테트라히메나(tetrahymena)의 텔로미어가 극도로 짧은 단순한 뉴클레오티드(TTGGGG)가 거듭 반복되는 염기서열로 이루어졌음을 밝혀냈다. (뉴클레오티드는 DNA를 건축하는 벽돌들이다. 보통 각 뉴클레오티드를 구분하는 염기를 나타내는 알파벳 한 글자로 표기된다. T뉴클레오티드의 염기는 티민thymine이고, G뉴클레오티드의 염기는 구아닌guanine이다.)

그 뒤로 과학자들은 동식물과 미생물을 포함한 다수의 생물들에게서 각각의 텔로미어 특성을 연구해왔다. 테트라히메나의 경우에서 보았듯, 실제로 모든 텔로미어(생쥐와 인간 및 다른 척추동물들을 포함해)는 T뉴클레오티드와 G뉴클레오티드가 자주 여러 차례 반복되는 짧은 서열을 포함한다. 예를 들어 인간과 생쥐의 텔로미어는 TTAGGG 염기 서열을 가진다. 회충은 TTAGGC이다. (A는 아데닌adenine, C는 시토신cytosine을 나타낸다.)

텔로머레이스를 찾아라

오늘날 그토록 많은 관심을 받고 있는 텔로머레이스 효소는, 텔로미어 길이 비교를 통해 그런 효소가 생물학에서 오랫동안 존재해온 수수께끼의 해답을 내줄 가능성이 대두함으로써 발견되었다. 초기 1980년대에 연구자들은 어떤 이유에서인지 텔로미어의 반복되는 서열이 유기체들 사이에, 심지어 동일한 유기체의 서로 다른 세포들 사이에도 다르다는 사실을 발견했다. 더욱이 그 수는 시간이 지나면서 한 주어진 세포에서 등락을 거듭할 수 있었다. (그러나 모든 종은 고유한 평균 반복 횟수가 있다. 테트라히메나는 평균 70이고, 인간은 2,000이다.) 이제 캘리포니아대학교 버클리캠퍼스로 옮긴 블랙번과 하버드대학교의 잭 W. 쇼스택(Jack W. Szostak), 그리고 버클리의 재니스 샴페이(Janis Shampay)는 관측된 이질성을 바탕으로 말단 복제 문제라고 하던 문제에 새 해법을 제시했다.

문제는 세포들이 유전자 분열을 할 때마다 정확히 복제해서 이른바 딸세포들에게 각자 완벽한 복제본을 주어야 한다는 것이다. 완벽하게 복제된 유전자들이 없으면 딸세포가 오작동을 하고 죽을 수도 있다. (유전자는 단백질과, 대다수 세포 기능을 수행하는 분자들인 RNA를 낳는 뉴클레오티드의 서열이다. 한 염색체의 유전자는 염색체의 두 텔로미어로 묶여 있는 DNA의 넓은 영역에 흩어져 있다.)

1972년에 하버드대학교와 콜드스프링하버연구실 양쪽에서 연구하고 있던 제임스 D. 왓슨(James D. Watson)은 DNA를 복제하는 효소인 DNA 중합효소(polymerase)가 선형 염색체를 말단까지 전부 복제할 수 없음을 알아차렸다. 따라서 복제 기계는 끝에 복제되지 않은 작은 영역(텔로미어 한 조각)을 생략해야 했다. 이론상 세포들이 이것을 보완할 방법이 없으면 염색체들은 세포분열을 할 때마다 짧아질 것이다. 그래서 일부 세대의 세포들은 텔로미어와 중요한 유전자들을 잃을 테고, 결국 그 세포 혈통은 죽음을 맞이할 것이다. 분명히 그런 단축을 겪는 모든 단세포 종은 그 상황을 성공적으로 방지했다. 아니면 이미 오래전에 사라졌을 테니까. 다세포 유기체들에게서 종을 영속시키는 생식 계열 세포들(정자와 난자의 전구체처럼)도 마찬가지다. 그런데 그런 세포들은 어떻게 텔로미어를 보호할까?

블랙번과 쇼스택과 샴페이에게, 텔로미어 길이에서 관측된 변동들은 세포들이 대략 항구적인 크기로 텔로미어를 유지하려 한다는 신호였다. 그렇다. 텔로미어는 실제로 세포분열 중에 짧아지지만, 또한 새로이 합성된 텔로미어 서열들이 들러붙으면서 길어지기도 한다. 연구자들은 이런 추가적 반복들을 가능케 하는 것이, 표준 DNA 중합효소는 하지 못하는 재주를 부릴 수 있는 어떤 발견되지 않은 효소이리라는 생각을 떠올렸다.

세포가 서로를 감싸며 꼬인 DNA의 두 끈인 염색체를 복제할 때, 첫 단계는 이중 나선을 분리하는 것이다. 중합효소는 이들 '부모' 끈들 각각을 새로운 파

*DNA를 복제할 때 바탕으로 쓰이는 분자.

트너를 만드는 주형(template)으로* 이용한다. 연구자들은 어떤 특별한 효소가 있어서, 기존 DNA 주형을 이용하지 않고, 아마도 무(無)에서 DNA의 단일한 끈들에 부착할 것들을 만들 수 있으리라고 생각했다.

1984년에 우리는 버클리에 있던 블랙번의 실험실에서, 우리가 추측한 이런 텔로미어 신장 효소(텔로머레이스)가 실제로 존재하는지 알아내기 위해 그것을 찾아 나섰다. 기쁘게도 우리는 그렇다는 것을 발견했다. 합성 텔로머레이스를 테트라히메나의 세포 추출물과 섞었을 때, 텔로미어들은 하부 단위를 추가로 얻었다. 우리가 생각한 효소가 존재한다면 그러리라고 기대한 대로였다.

그 후로 몇 년 동안 우리와 동료들은 텔로머레이스의 작용 기전에 관해 많은 것을 배웠다. 모든 중합효소, 그리고 거의 모든 효소와 마찬가지로 그것은 대체로 단백질로 이루어졌고, 기능하려면 단백질이 필요하다. 그렇지만 그 효소의 독특한 점은 텔로미어 하부 단위들을 만들기 위한 핵심 뉴클레오티드 주형을 함유한 RNA(DNA의 가까운 친척뻘)의 단일 분자를 가졌다는 것이다. 텔로머레이스는 DNA의 한 끈의 끝을 RNA에 대고, 그 주형이 그 끝에 인접하도록 자신의 위치를 잡는다. 그 후 하나의 완전한 텔로미어 하부 단위가 형성될 때까지 DNA 뉴클레오티드를 하나씩 하나씩 더한다. 하부 단위가 완벽해지면, 텔로머레이스는 염색체의 새 끝으로 미끄러져 가서 합성 과정을 반복함으로써 한 단위를 더 붙일 수 있다.

2-3

텔로머레이스와 인간 노화

1988년에 그리더는 버클리를 떠나 콜드스프링하버연구실에 몸담았고, 나중에 우리 팀을 비롯한 연구팀들이 테트라히메나가 아닌 섬모충들에서, 그리고 효모와 개구리와 생쥐에서도 텔로머레이스를 발견했다. 1989년에 예일대학교의 그렉 B. 모린(Gregg B. Morin) 또한 처음으로 인간 암세포 계통, 즉 배양접시에서 몇 세대에 걸쳐 유지되는 악성 세포들에서 그 효소를 발견했다. 오늘날에는 텔로머레이스가 거의 모든 유기체의 핵을 가진 세포들에서 합성된다는 사실이 확정되었다. 그 효소의 정확한 구성은 종에 따라 다를 수 있지만, 각각은 텔로미어 반복들을 만들기 위한 각 종 고유의 RNA 주형을 가지고 있다.

많은 단세포 유기체에서 텔로머레이스의 중요성은 이제 재론의 여지가 없다. 그런 유기체들은 무한히 분열할 수 있다는 점에서 불사신이다. 어떤 사고가 일어나거나, 유전학자들이 그들의 삶에 끼어들지 않는 한. 블랙번의 연구팀에 속한 궈량 위(Guo-Liang Yu)가 1990년에 보여주었듯이, 테트라히메나가 이 불멸성을 유지하려면 텔로머레이스가 필요하다. 그 효소가 없어지면 텔로미어가 짧아지고 세포들은 죽는다. 블랙번의 팀을 비롯한 연구팀들은 그와 비슷하게 효소 연구를 통해 텔로머레이스가 결여된 세포들이 단축과 소멸을 겪는다는 사실을 입증했다. 그렇지만 테트라히메나나 효소보다 훨씬 더 복잡하며 수없이 많은 세포 유형들로 구성된 인체에서, 텔로머레이스는 과연 무슨 역할을 할까?

놀랍게도 많은 인간 세포에는 텔로머레이스가 없다. 그리더를 비롯한 연구자들은 1980년대 후반에 필라델피아의 연구자들이 25년 앞서 시작한 연구의 결과들을 종합하면서 그 사실을 발견했다. 1960년대 이전에는 체내에서 복제된 인간 세포가 끝없이 분열할 수 있다고 여겨졌다. 하지만 그 후 레너드 헤이플릭과 위스타연구소(Wistar Institute)의 동료들이 그 생각이 옳지 않음을 결정적으로 증명했다. 오늘날에는 인간 신생아에게서 채취한 체세포들(생식 계열에 속하지 않은)이 배양접시에서 보통 80~90회 분열한다는 사실이 알려져 있다. 반면 70세 노인의 체세포들은 보통 20~30번이 한계다. 분열 가능한 인간 세포들이 재생산을 멈추면, 또는 헤이플릭의 말처럼 "노년에 접어들면" 젊었을 때와는 모습도 다르고 효율도 떨어진다. 그리고 얼마 지나면 죽는다.

1970년대에 소비에트 과학자인 A. M. 올로브니코프(A. M. Olovnikov)는 세포분열의 예정된 중단을 그 말단 복제 문제와 연관시켰다. 그는 인간 체세포에서 세포가 DNA를 복제할 때 일어나는 염색체 단축이 교정되지 않을 가능성을 제시했다. 어쩌면 분열은 염색체가 너무 짧아졌음을 세포가 알아차렸을 때 멈출지도 모른다.

우리는 1988년에 당시 맥마스터대학교의 캘빈 B. 할리(Calvin B. Harley)가 그리더에게 알려준 덕분에 올로브니코프의 그런 가설을 접하게 되었다. 호기심이 생긴 그리더와 할리를 비롯한 공동 연구자들은 인간 세포에서 시간이 경과하면 실제로 염색체들이 짧아지는지 확인해보기로 마음먹었다.

확실히 그들이 배양접시에서 실험한 대다수 정상적인 체세포들은 분열 과정에서 텔로미어의 일부를 잃었는데, 그것은 텔로머레이스가 발현하지 않는다는 신호였다. 비슷하게도 그들과 에든버러 의학연구의원회(MRC)의 니콜라스 D. 헤이스티(Nicholas D. Hastie) 연구팀은 일부 정상적 인체 조직들은 나이가 들면서 텔로미어가 줄어든다는 사실을 발견했다. (다행히도 역시 MRC의 하워드 J. 쿡Howard J. Cooke은 텔로미어들이 생식 계열에서는 원래 길이를 유지한다는 것을 입증했다.) 이런 결과들은 인간 세포들이 어쩌면 손실되는 텔로미어 반복 횟수를 기록함으로써 분열을 '셈하고' 있을 가능성을 제시했다. 그리고 텔로미어의 단축 정도가 어떤 상당한 수준에 이르면 분열이 멈추는지도 모른다. 그렇지만 이 가능성을 뒷받침하는 확실한 증거는 아직 얻지 못했다.

시간이 지나면서 일어나는 텔로미어의 단축과 분열 능력의 쇠퇴가 인간 노화의 원인일 수도 있을까? 어쩌면 주된 원인은 아닐지도 모른다. 어차피 세포들은 보통 인간이 죽을 때까지 필요로 하는 횟수보다 더 여러 차례 분열하기 때문이다. 그럼에도 더 나이가 든 사람은 더러 일부 세포들의 노화로 신체 기능이 쇠퇴할지도 모른다. 예를 들어 국지적 상처 치유 능력은 부상 부위에 새로운 피부를 구축할 수 있는 세포들의 수가 적어지면서 손상될 수 있다. 그리고 특정한 백혈구 수의 감소는 노화 관련 면역 기능 저하를 유발할 수도 있다. 더욱이 죽상동맥경화증은 전형적으로 혈관 벽이 손상을 입었을 때 발생한다고 알려져 있다. 반복적으로 손상된 부위의 세포들이 결국 복제 능력을 '소진해버려서' 혈관들이 결국 손실된 세포의 자리를 메우는 데 실패한다고 생각해보자. 그러면 상처는 낫지 않을 테고 죽상동맥경화증이 자리를 잡을 것이다.

암 커넥션

일부 연구자들은 텔로머레이스를 결여한 인간 세포에서 관찰되는 분열 능력 손실이 어쩌면 우리를 노쇠하게 만들기 위해서가 아니라 암 발생을 막기 위해 진화했을지도 모른다고 생각하고 있다. 암은 한 세포가 다수의 유전적 돌연변이를 일으켜, 통제를 벗어나 복제하고 이동할 때 발생한다. 그 세포와 자손들이 통제를 벗어나 증식하면, 근처 조직들을 침범해 손상을 입힐 수 있다. 또한 일부는 원래 속한 곳과는 멀리 떨어진 신체 부분들로 도망쳐, 그곳에 새로운 악성종양들을 구축한다(전이metastasis). 이론상으로 텔로머레이스의 부재는 분열을 계속하는 세포들이 텔로미어를 잃고 너무 큰 해를 끼치기 전에 사멸하게 만듦으로써 종양의 성장을 더디게 한다. 만약 암세포들이 텔로머레이스를 만든다면, 텔로미어를 유지하여 무한히 살아남을지도 모른다.

텔로머레이스가 인간 암을 유지하는 데 중요할 수 있다는 개념은 일찍이 1990년부터 논의되었다. 그러나 최근까지 강력한 증거는 발견되지 않았다. 1994년에 크리스토퍼 M. 카운터(Christopher M. Counter)와 실비아 바케티(Silvia Bacchetti), 그리고 할리를 포함한 맥마스터대학교의 동료 연구자들은 텔로머레이스가 실험실의 암세포 혈통에서뿐만 아니라 인체의 난소종양에서도 발현한다는 것을 보여주었다. 그리고 그해에 캘리포니아 멘로파크의 제론(Geron Corporation)으로 간 할리와 텍사스대학교 댈러스캠퍼스 사우스웨스턴의과대학원의 제리 W. 셰이(Jerry W. Shay)가 이끄는 연구팀이 인간 종양 표본 101개 중 90개에서 텔로머레이스를 찾아냈는데, 일반 체조직 표본 50개

(네 가지 조직 유형을 대표하는) 중에는 하나도 없었다.

그러나 그런 증거가 입수되기 전부터 연구자들은 이미 텔로머레이스가 암에 어떻게 기여하는지를 집중적으로 연구하기 시작한 터였다. 그 연구 결과로 추정컨대, 텔로머레이스는 아마도 세포가 이미 분열을 막는 제동장치를 잃은 후에 활동을 시작하는 듯하다.

최초의 실마리는 지금은 록펠러대학교에 있는 티티아 드 랭(Titia de Lange)과 헤이스티의 연구팀에 의해 개별적으로 이루어진, 원래는 수수께끼 같은 발견이었다. 1990년에 이 연구자들은 인간 종양에 있는 텔로미어들이 주변의 보통 조직들에 있는 텔로미어들보다 더 짧다고 보고했다. 일부는 심하게 짧았다.

그리더와 바케티와 할리의 실험실들에서 이루어진 연구 결과는 왜 그 텔로미어들이 그토록 짧은가 하는 이유를 설명해주었다. 연구팀들은 일반적인 인간 세포를 조작해 세포분열을 멈추라고 경고하는 경계 신호를 무시하게 하는 바이러스성 단백질을 생성하게 했다. 조작된 세포들은 보통 세포 노화에 들어갈 시기가 한참 지나서까지 분열을 계속했다. 그 세포들은 대부분 텔로미어가 심하게 짧아졌고, 텔로머레이스는 전혀 탐지되지 않았다. 결국 죽음이 뒤따랐다. 그러나 일부 세포들은 형제들이 죽은 후에도 계속 살아남아 불멸이 되었다. 이런 불멸의 생존자들에게서 텔로미어들은 놀랍도록 짧은 길이를 유지했고, 텔로머레이스는 존속했다.

이런 결과들은 암세포들의 텔로미어가 짧은 것이 세포가 통제를 벗어나 복제하기 시작한 이후에야 텔로머레이스가 합성되기 때문임을 보여준다. 추측컨대 그때는 이미 세포들이 상당한 수의 텔로미어들을 잃은 후일 것이다. 그리고 그때 발현된 텔로머레이스는 심하게 짧아진 텔로미어들을 안정화하고, 과하게 증식하는 세포들을 불멸의 존재로 만들어준다.

이를 비롯한 여러 발견들은 인체 내 텔로머레이스의 일반적이고 악성적인 활성화를 다루는, 매력적이지만 아직은 가설 단계인 모델을 낳았다. 이 모델에 따르면, 텔로머레이스는 보통 발달하는 배아의 생식 계열 세포들에 의해 만들어진다. 그러나 일단 신체가 완전히 형성된 후에는 많은 체세포에서 텔로머레이스가 억제되고, 그런 세포들이 분열할 때 텔로미어는 짧아진다. 텔로미어들이 역치까지 떨어지면, 세포가 더 분열하지 못하게 막는 신호가 발신된다.

그러나 만약 암을 일으키는 유전적 돌연변이들이 그런 안전 신호들의 발신을 가로막거나 세포들로 하여금 그 신호들을 무시하게 해주면, 세포들은 일반적인 세포 노화를 지나서까지 분열을 계속할 것이다. 또한 짐작건대 계속해서 텔로미어 서열들을 잃고, 아마도 암 유발 가능성이 더욱 높은 돌연변이들을 만들어내는 염색체 변형을 겪을 것이다. 텔로미어가 거의 또는 완전히 사라지면, 세포들은 어쩌면 서로 충돌하여 죽는 지점에 이를 수도 있다.

그러나 만약 위기 이전 기간의 유전적 혼란이 텔로머레이스의 제조로 이어진다면, 세포는 텔로미어를 완전히 잃지 않을 것이다. 그 대신 짧아진 텔로미어들은 구제되고 유지될 것이다. 이런 식으로, 그 유전적으로 교란된 세포들은 암의 특성인 불멸성을 얻게 될 것이다.

이 시나리오는 대체로 증거를 기반으로 한다. 단, 다시 말하지만 상황은 보는 바와 똑같지 않을 수 있다. 몇몇 진행된 종양들에서는 텔로머레이스가 발견되지 않았고, 최근 일부 체세포들(특히 대식세포와 림프구로 알려진 백혈구)이 그 효소를 만든다는 사실이 알려졌다. 그럼에도 이제까지 모인 증거들을 바탕으로, 많은 암세포들이 무한히 분열하려면 텔로머레이스가 필요하다는 것을 짐작할 수 있다.

암 치료의 전망

텔로머레이스가 다양한 인간 암에는 존재하지만 다수의 일반 세포들에는 존재하지 않는다는 사실은, 그 효소가 항암 약물 개발의 좋은 표적 노릇을 할 수 있다는 뜻이다. 텔로머레이스의 발목을 잡을 수 있는 약물이라면 많은 일반 세포들의 기능을 교란하지 않으면서 암세포들을 죽일지도 모른다(텔로머레이스가 줄어들어 사라지게 함으로써). 그와는 대조적으로 기존 항암 치료들은 대부분 악성 세포들뿐만 아니라 일반 세포들도 교란했고, 따라서 독성이 높은 경우가 많았다. 게다가 텔로머레이스는 수많은 암에서 발생하므로, 그런 약물들은 다양한 범위의 종양에 맞서 작용할지도 모른다.

이제는 제약사와 생명공학 회사들이 짜릿한 가능성들을 적극적으로 탐사하고 있다. 그럼에도 대답해야 할 의문들이 아직 많이 남아 있다. 예를 들어 연구자들은 어떤 일반 세포들(이미 밝혀진 몇 가지 말고 더)이 텔로머레이스를 만드는지 알아낼 필요가 있고, 그 세포들에서 그 효소의 중요성을 평가해야 한다. 만약 텔로머레이스가 반드시 필요한 효소라면, 거기에 개입하는 약물들은 실상 용인할 수 없을 만큼 해로운 것으로 입증될지도 모른다. 그러나 특정한 종양 세포들에서 텔로미어가 짧아지는 현상이 이 문제를 해결해줄지도 모른다. 정상 세포들의 텔로미어는 그보다 훨씬 길기 때문에, 텔로머레이스 억제 약물들은 정상 세포에 영향이 미치기 한참 전에 암세포의 텔로미어를 단축해 암세포를 죽일 수도 있다.

연구자들은 또한 텔로머레이스 억제로 텔로머레이스 생산 종양을 기대한 만큼 파괴하는 효과를 얻을 수 있는지를 반드시 보여주어야 한다. 1995년에 할리와 그리더를 비롯한 동료 연구자들은 한 억제 약물이 배양된 종양 세포들의 텔로미어를 단축할 수 있음을 보여주었다. 세포들은 약 25회의 분열 후에 죽었다. 그러나 지금은 캘리포니아대학교 샌프란시스코캠퍼스에 있는 블랙번과 그녀의 연구팀은 세포들이 더러 텔로머레이스의 손실을 보완한다는 사실을 발견했다. 짧아진 끝을, 예를 들면 재조합이라고 불리는 과정 같은 다른 수단으로 보수하는 것이다. 그 과정에서 한 염색체는 다른 염색체에서 DNA를 얻어 온다. 만약 인간 종양 세포들에서도 그런 보수 과정을 통해 텔로미어 손실이 보완된다면, 텔로머레이스를 표적으로 한 치유법은 실패로 돌아갈 것이다.

동물 연구들이 그런 우려들을 해결하는 데 도움이 될지도 모른다. 또한 살아 있는 신체에서 텔로머레이스를 억제하면 종양이 제거될지, 그리고 암이 핵심 조직에 해를 입히지 못하도록 충분히 빨리 제거할 수 있을지를 밝히는 데도 도움이 될 것이다.

2-3

인체에서 텔로머레이스를 억제할 약물들을 개발하려면, 연구자들은 또한 그 효소의 기전에 관한 더 선명한 밑그림이 필요하다. 그것은 어떻게 DNA에 들러붙을까? 새로 더할 텔로미어 하부 단위들의 수는 어떻게 '결정할까'? 세포핵의 DNA에는 온갖 단백질들이 박혀 있고 그중에는 특히 텔로미어와 엮인 것들도 있는데, 텔로미어와 엮인 단백질들은 텔로미어의 활성을 통제하는 데 어떤 역할을 할까? 그 활성에 변화를 일으키면 텔로미어 신장이 교란될까? 우리는 앞으로 텔로미어 길이에 영향을 미치는 다양한 분자들 사이의 상호작용에 관해 많이 알아낼 수 있기를 기대한다.

텔로미어 길이 조절에 관한 연구는 또한 새로운 암 치유법 말고도 다른 이득들을 가져다줄 수 있다. 다양한 질환의 유전 치료법 중 흔히 쓰이는 한 가지는, 환자에게서 세포를 추출하여 바람직한 유전자를 주입한 뒤 유전적으로 교정된 세포들을 도로 환자에게 이식하는 방법이다. 비록 그 추출된 세포들은 실험실에서 분열에 실패하는 경우가 많지만 말이다. 어쩌면 텔로머레이스 삽입이라는 단일 요인, 또는 다른 요인들과의 조합으로 복제 능력을 일시적으로 높임으로써 다수의 치료 세포들을 그 환자에게 줄 수도 있을 것이다.

현대의 텔로미어 연구는 연못에 사는 한 단세포동물의 염색체 끝부분의 반복적인 DNA를 밝혀낸 그 첫걸음부터 지금까지 먼 길을 왔다. 텔로머레이스에 의한 텔로미어의 연장은 원래 단순히 일부 단세포생물들이 염색체를 유지하는 '귀여운' 메커니즘으로만 여겨졌지만, 그것은 늘 그렇듯 겉보기와는 달랐다. 텔로머레이스는 사실 대다수 동물들에서 핵을 가진 세포들이 염색체 말단을 유지하는 지배적인 방법이다. 그리고 이제 한때 애매했던 이 과정에 대한 연구는 다양한 암들에 맞서 싸우는 혁신적 전략들을 낳을지도 모른다.

1980년대 초에 과학자들의 최우선 목표는 테트라히메나의 염색체 유지를 연구함으로써 가능한 항암 치유법들을 밝히려는 것이 아니었다. 텔로머레이스에 대한 연구는 우리에게, 자연을 연구할 때는 언제 어디서 근본적 과정들이 발견될지 결코 예측할 수 없다는 사실을 일깨워준다. 여러분이 발견한 돌멩이가 언제 보석으로 돌변할지 결코 모를 일이다.

2-4 텔로미어가 우리에게 알려주는 것들

테아 싱어 Thea Singer

엘리자베스 H. 블랙번이 각 세포 안에 존재하는 분자시계의 작용 기전에 관한 선구적 연구 결과를 내놓은 지 몇십 년이나 지났지만, 그 주제는 여전히 신문 머리기사로 다뤄진다. 블랙번을 비롯한 연구자들이 가장 최근 내놓은 실험 결과들은, 텔로미어로 알려진 이런 세포 시계들이 우리가 건강을 유지하느냐 그렇지 못하느냐를 결정하는 바로미터 역할을 할 가능성을 보여주었다.

염색체 양 끝의 텔로미어들은 염색체가 닳거나 서로 들러붙지 않도록 보호한다. 하지만 세포가 분열할 때(면역과 피부 세포들처럼) 텔로미어들은 매번 조금씩 더 짧아진다. 이런 단축 현상 때문에 텔로미어는 그간 세포 노화의 표지가 되었다. 일부 세포들에서는 텔로머레이스라는 효소가 손실된 부분들을 보충한다. 그러나 다른 세포들에서는 단축이 방해받지 않고 지속된다. 텔로미어의 단축이 어느 정해진 정도를 넘어서면, 그 세포는 분열을 멈추고 노화 상태로 들어가거나 죽는다. 블랙번, 한때 그녀의 대학원생으로 지금은 존스홉킨스대학교에 있는 캐럴 W. 그리더, 그리고 하버드의과대학의 잭 W. 쇼스택은 이런 과정들의 많은 부분을 밝혀낸 공로로 2009년에 노벨 생리의학상을 공동 수상했다.

캘리포니아대학교 샌프란시스코캠퍼스에 적을 두고 있는 블랙번은 이 분야에서 잠시도 쉬지 않고 달려왔다. 2004년에 블랙번은 건강심리학자인 엘

리사 S. 에펠(Elissa S. Epel)과 함께 심리적 스트레스와 백혈구의 텔로미어 단축의 관계를 다룬 논문을 발표했다. 그것은 텔로미어 연구에 불을 지폈다. 오늘날 수많은 연구들이 텔로미어 단축과 다양한 질병들 사이의 연관 관계들을 보여준다. 반대로 운동 및 스트레스 감소 같은 행동들을 텔로미어 신장과 관련 짓는 연구들도 있다. 이런 연구들은 간단한 혈액검사를 통해 측정한 텔로미어 길이로 전반적인 건강 상태와 노화 과정을 파악할 가능성을 열어주었다.

최근 블랙번은 의학 정보 제공자들을 통해 연구소와 일반인 양측에 그런 혈액검사 결과를 제공하는 것을 목표로 캘리포니아 멘로파크에 텔롬헬스(Telome Health)라는 회사를 공동 창립했다. 또 다른 연구팀은 스페인 마드리드에 라이프렝스(Life Length)라는 텔로미어 검사 회사를 창립했다. 그 같은 검사 결과를 손쉽게 얻을 수 있게 되면서, 그 검사들의 유용성에 관한 논쟁에 불이 붙었다. 나는《사이언티픽 아메리칸》의 과학 저술가로서 최근 블랙번과 그녀의 연구에 관해 대담을 나누었다. 아래는 발췌문이다.

○ 저희는 텔로미어가 짧아지면서 세포들이 어떻게 '노화하는가'에 관해 많은 이야기를 들었습니다. 그렇지만 이 단축은 전체 신체의 노화와 어떤 관련이 있나요?

- 많은 연구들이 텔로미어 단축이 심혈관 질병, 당뇨, 알츠하이머와 일부 암들 같은 병들의 예측 요인임을 보여줍니다. 그리고 심지어 죽음에 대해서도요. 제 동료인 캘리포니아대학교 샌프란시스코캠퍼스의 메리 울리(Mary

Whooley)는 780명의 사람들을 4년간 60대 이상의 나이까지 추적한 '심장과 영혼 연구(Heart and Soul Study)'에서, 텔로미어 단축이 사망 요인과 유관하다는 사실을 입증했습니다. 유타대학교의 유전학자인 리처드 코슨(Richard Cawthon)은 143명을 15~20년 동안 추적하여 더 짧은 텔로미어를 가진 사람들의 사망률이 더 긴 텔로미어를 가진 사람들의 거의 두 배임을 발견했습니다.

ㅇ그렇다면 이제는 어쩌면 텔로미어 단축에 관해 이야기하는 방식을 바꾸어 '노화'와 '세포 노화' 같은 말들 대신 '노화라는 질병의 위험' 같은 표현을 써야 할지도 모르겠네요.

- 네, 저는 그렇게 생각해요. 저는 노화라는 생각이 마음에 안 들어요. 그리 도움이 되지 않는다고 보거든요.

ㅇ만성 스트레스와 어린 시절 트라우마 같은 삶의 사건들이 텔로미어 단축과 관련된다는 증거로는 어떤 것들이 있을까요?

- 아동기 트라우마를 보죠. 아동기 트라우마의 수가 정량적으로 성인의 텔로미어 단축 정도와 관련이 있음을 밝힌 연구들이 있습니다. 저희 연구는 만성질환을 가진 아동을 보살피는 어머니들이 만성적 스트레스를 겪은 햇수와 텔로미어의 단축 정도 사이에 존재하는 놀라운 상호 관계를 제시했습니다.

ㅇ장기적 연구들은 우리가 다이어트와 운동 같은 행동을 함으로써 텔로미어 단축을 늦출 수 있다거나, 심지어 텔로미어 길이를 늘일 수 있다고까지 말하는 것 같은데요. 설명 좀 부탁드립니다.

- 저희는 5년 이상 관상동맥 질병을 가지고 있는 사람들을 살펴본 결과, 혈액에 해양 오메가3지방산 수치가 높은 사람들은 전반적으로 텔로미어 단축이 덜하고, 실제로 5년 사이에 텔로미어 길이가 늘어난 사람들은 원래 오메가3 수치가 더 높았을 가능성이 훨씬 크다는 것을 발견했습니다.

ㅇ제가 오메가3 섭취량을 늘려야 할까요?

- 피험자들은 지금쯤 60대이고 경증이지만 지속적인 관상동맥 질환을 가지고 있었습니다. 이 결과들은 그 사람들에게 해당하는 것입니다. 80세나 90세인 사람들, 또는 15세나 20세인 사람들에게는 해당되지 않을 수도 있습니다.

ㅇ박사님은 '낡은 의학적 모델'이 어떤 치료가 한 감염원을 가장 잘 제거할 수 있는지 결정하기 위한 검사에 초점을 맞춘다고 말씀하셨습니다. 하지만 오늘날 의사들은 복합적인 원인들로부터 시간이 지나면서 발생하는 만성질환들과 씨름하는 경우가 많습니다. 텔로미어 연구는 이 새로운 모델에 어떻게 기여할까요?

- 텔로미어 연구는 보통 한 특정한 진단을 들여다보지 않습니다. 대다수 사

람들의 경우에서 저희가 살펴보는 것은 흔히 노화와 함께 일어나고 노화에서 더 자주 나타나는 일련의 진행성 질환들과의 통계적 연관성입니다. 저희는 어쩌면 그런 질환들의 생물학적 원리가 비슷할 수도 있다고 봅니다. 저희는 만성 염증(어쩌면 백혈구의 텔로미어 단축으로 읽어낼 수 있거나, 심지어 일부는 텔로미어 단축에서 유발되는)이 어쩌면 예컨대 당뇨병이니 심혈관계 질환이니 하는 식으로 따로따로 일컬어지고 따로따로 치료되는 이런 병들의 기반일 가능성에 크게 관심을 가지고 있습니다. 텔로미어 길이는 다수의 생리학적 영향력들을 담고 있는 수치입니다.

○ 박사님은 임상의들이 이 전망에 발맞춰 따라오고 있다고 생각하시나요?

- 임상의들이 무엇이 행동 가능한지 알아내고 싶어한다고 봅니다. 텔로미어 길이를 감시 도구로 사용한다는 생각, 어쩌면 그게 가능하리라고 여기는 거지요.

○ '암 저지'에 관한 박사님의 논문(약물을 비롯한 적극적 수단을 사용하여 암이 자리 잡기 전에 멈춘다)은 이 개념과 딱 맞아떨어지는군요.

- 맞아요. 핵심은 초기에 저지하는 겁니다. 완전한 질환의 단계에 들어가기 전에요. 그 후에는 막대한 인간적·경제적 비용이 드니까요. 암 연구를 통해 우리는 암의 더 이른 단계를, 그리고 암의 진행 과정을 점점 더 이해하게 되었습니다. 그래서 이제 저희는 한 특정한 약물이 한 특정한 암의 아주

초기 단계에 실제로 어떻게 작용하는지 알고 있습니다. 그 생각은, 극단까지 가져가면 아마 이렇게 될 겁니다. 어쩌면 특정한 암이 발생하기도 전에 위험 요인들을 미리 파악하고 한 발 앞서 제거할 수 있다는 거죠. 예를 들어 연구자들은 일부 대장암의 고위험군을 살펴보고 있는데, 암 발병을 저지하는 특정한 방법들이 있습니다.

○ 텔로미어는 그 저지라는 구도에서 어떤 역할을 맡을까요?

- 생쥐의 경우 텔로미어 단축이 발암 위험을 극도로 높인다는 것은 명확한 사실입니다. 인간에게서 그것이 어떻게 작용하는지는 아직 더 알아내야 하지만요. 그래도 통계집단의 사람들에게서는 그런 효과를 발견할 수 있었습니다. 예를 들어 어떤 일군의 암이나 일부 개별적 암들에 대한 위험을 본다면, 텔로미어 단축은 미래의 위험을 예측합니다. 그 원인은 면역 체계의 기능 저하 때문일 수도 있습니다. 면역 체계는 백혈구의 텔로미어에서 파악하려 하는 부분입니다. 또는 어떤 만성 염증 상태가 암을 유발하고 있을지도 모릅니다. 아니면 암세포들 자체의 텔로미어가 너무 짧은 나머지 그 유전적 불안정성으로 암을 촉발하고 있을 수도 있고요.

○ 텔로미어 길이와 발암 위험에 유전적 인자가 있습니까?

- 텍사스대학교 MD앤더슨암센터의 지안 구(Jian Gu)가 이끈 한 흥미로운 연구가 있는데, 그 결과에 따르면 답은 '그럴 수 있다'입니다. 그와 동료들은

텔로미어 단축과 발암 위험 사이에 유전적 관련이 있는지를 보기 위해 비편향적 관찰을 실시했습니다. 그들이 발표한 논문은 방광암에 집중했습니다. 질문은 '게놈의 어떤 변화가 발암 위험과 관련되어 있는가'였고, 텔로미어 단축 및 발암 위험과 관련된 유전적 변이가 발견되었습니다. 그 후 그들은 그 유전자를 발견했고, 그것이 면역 세포 기능과 유관한 유전자임을 알아냈습니다.

ㅇ최근 머리기사들은 개인적 텔로미어 검사가 얼마나 오래 살 수 있을지 알려줄 거라고 말합니다. 과학에 기반해서, 텔로미어 검사가 우리에게 무엇을 말해줄지 설명 좀 부탁드립니다.

- 저는 그 검사로 얼마나 오래 살지를 예측한다는 이야기가 허황되다고 생각해요. 그 검사는 어떤 질환을 진단해주지 않을 겁니다. 그리고 우리가 100살까지 살 수 있을지 어떨지를 말해주지도 않을 테고요. 그렇지만 시간이 지나면서 통계적으로 살펴본다면, 어떤 가능성을 알려주긴 하겠죠. 이를테면 흔한 노화 관련 질병들 중 무언가에 걸릴 가능성이 높은지 안 높은지처럼 말이죠. 저희 말고 텔로미어 길이를 측정하려고 설립된 한 회사는 스스로 '수명(life length)'이라는 이름을 붙였는데, 좀 의미심장한 명칭인 것 같아요. 좀 부적절한 이름 같기도 하고요.

ㅇ그 검사의 측정 결과를 이용하는 가장 이로운 방식은 어떤 것일까요?

- 최적의 방식이 있는지 어떤지는 아직 모릅니다. 6개월이나 짧으면 4개월 만에도 텔로미어 길이의 변화를 볼 수 있다는 것은 확실히 알지만, 일주일로는 부족하죠. 과학적 원칙에 기반해서, 더 많이 계측하고 상대평가를 하면 경향을 더 잘 볼 수 있어요. 그러니 6개월을 놓고 보는 것이 합리적이겠죠.

ㅇ그 검사는 콜레스테롤 검사와 비슷하게 들립니다. 백분율을 제공하죠. 비슷한 나이, 성, 생활양식 등의 표준과 비교해 내가 어디 속하는지 알 수 있게요.

- 맞아요. 콜레스테롤은 더 구체적으로 심혈관계 질환과 관련되지만요. 텔로미어 검사는 그보다 전반적입니다. 체중하고 비슷하다고 할까요. 체중은 건강의 많은 양상을 알려주는 지표니까요. 너무 높으면 확실히 좋지 않죠. 마찬가지로 텔로미어가 정말, 정말 짧으면 그건 좋지 않습니다. 하지만 그 폭은 아주 넓거든요. 그리고 의사들은 체중을 이용하잖아요? 실제로 유용하거든요. 그리고 시간에 따른 변화 추이를 보지요. 텔로미어 길이도 그와 비슷한 것 같습니다. 많은 다양한 것들을 통합하는 수치죠. 그리고 임상적으로 그것 하나만 사용하지 않고요.

ㅇ텔로미어 검사를 비판하는 측은, 콜레스테롤 검사에서는 '높은' 콜레스테롤과 '낮은' 콜레스테롤 같은 식으로 표준을 확립할 수 있을 만큼 데이터가 충분하기 때문에 유용하지만 텔로미어 길이에는 표준을 확립할 만한 데이

터가 아직 충분치 않다고 말해왔는데요.

- 저는 그렇게 생각하지 않습니다. 현대 과학자들은 세련됐지요. 모든 것을 똑같이 취급할 필요는 없습니다. 우리는 사람들을 범주화할 수 있어요. 지금은 수백수천 텔로미어 길이로 다양한 범주를 나눌 수 있고, 어느 정도 타당한 기준이 있다고 생각합니다. 물론 항상 더 많은 게 더 좋죠. 하지만 시작 지점은 필요합니다. 연구실 환경에서, 그리고 개인적 수준에서 얻은 텔로미어 측정치에 대한 요청이 빗발치고 있어요. 텔로미어에서 추론할 수 있는 것의 정확성을 과장하지 않으면서 이런 측정치들을 얻어낼 수 있을 것 같았습니다.

○ 왜 캘리포니아대학교 샌프란시스코캠퍼스의 실험실에서 측정하지 않고 직접 회사를 창립하기로 하셨나요?

- 그런 측정치를 제공하려면 책임 있는, 믿음직한 기술을 확보하는 것이 중요했거든요. 학교에서는 업무 요구 사항이 워낙 많아서 여력이 없었기 때문에 그 기술을 회사로 이전하게 되었습니다.

○ 생명보험과 의료보험 회사들이 보장 대상자의 자격을 결정하기 위해 텔로미어 검사 결과를 이용할지 모른다는 우려에 관해서는 어떻게 생각하세요?

- 우리는 그 정보를 감출 수 없어요. 그렇지만 우리가 제공하는 어떤 임상 정보도 정확하고 적절한 맥락에 이용되도록, 그리고 누군가를 배제하는 과학

적 근거로 오용되는 일이 없도록 확실히 노력할 겁니다. 게다가 텔로미어 검사 측정치들이 오로지 가능성만을 제공한다는 점을 감안하면, 그런 결정을 내리기에는 영 부족한 근거일 겁니다. 그렇지만 그건 계속 생각해야 할 문제죠. 우리 목표는 그 검사들을 제공함으로써 사람들로 하여금 자신의 건강을 더 잘 돌볼 수 있게 만드는 겁니다.

ㅇ비판하는 측에서는 텔로미어 검사들을 이따금 과장되는, 의사를 거치지 않고 소비자에게 직접 제공되는(direct-to-consumer) 유전자 검사들과 비교합니다. 그런 검사는 우리의 유전적 변화를 알려주고 특정 질환들에 대한 민감성을 말해준다고 하는데요. 텔로미어 검사가 그와 다른 점이 있다면 무엇일까요?

- 텔로미어 검사는 소비자 직접 제공 방식이 아닙니다. 우리는 확실을 기해야 합니다. 건강 전문가들을 통해 2011년 10월부터 검사를 제공할 계획입니다. 그간 다수의 군들과 다수의 연구들이 텔로미어 단축과 질환의 위협들 사이의 명확한 통계적 연결 고리들을 다져주었습니다. 텔로미어 과학은 최근 빠른 걸음으로 나아가고 있어요. 그리고 과학자로서 그런 연구들에 관여하지 않고 혼자만 뒤처져 있기는 힘들죠.

ㅇ박사님도 텔로미어를 측정하실 건가요?

- 네, 회사가 개인 검사를 제공하기 시작하면요. 기대하고 있습니다.

2-5 노화의 숨은 적 : 노화 세포

데이비드 스팁 David Stipp

1999년에 미네소타 주 로체스터에 있는 메이오클리닉의 잔 M. 반 듀어슨(Jan M. Van Deursen)과 동료들은 '손상된 염색체가 암을 유발하는가' 하는 물음을 떠올렸다. 그리하여 유전자조작으로 생쥐에게서 염색체를 온전히 유지하는 임무를 맡은 한 단백질에 결함을 일으켰다. 생쥐들의 DNA 고리는 흐트러졌다. 그러나 놀랍게도 암은 발생하지 않았다. 그 대신 각종 기묘한 병들이 발생했다. 생쥐들은 백내장과 근육 감소를 겪었으며, 피하지방이 급격히 얇아졌고, 진행성 척추측만으로 마치 단봉낙타 같은 모습이 되었다. 또한 조기 사망 경향도 나타났다.

반 듀어슨은 이런 특정한 비정상성들이 나타나는 이유를 짐작조차 하지 못했다. 그 후 2002년에 노화가 가속된 생쥐에 관한 연구 보고서를 접하게 된 그는 노화로 등이 굽은 생쥐 사진을 보고 충격을 받았다. 갑자기 머릿속에 번쩍 불이 들어왔다. 낙타처럼 등이 굽은 그의 생쥐가 겪었던 것은 이상하게 빠른 노화였다! 더 깊은 연구를 통해 메이오 팀은 그 생쥐들의 조직에 있는 다수의 세포들이 너무 일찍 세포 노화라는 상태로 들어갔음을 발견했다. 그 상태에서 세포들은 분열하는 능력을 영구히 잃고 일탈 행동을 한다. 그런 세포 분열 실패는 반 듀어슨의 연구팀이 관측한 뼈와 근육과 눈과 피부의 비정상성을 설명할 터였다.

그 뒤로 연구자들은 그 증상을 설명하는 것을 넘어 그 증상에 관해 무언가를 했다. 생쥐에게 또 다른 유전적 변화를 일으켜 노화된 세포들을 바로바로 제거함으로써 동물의 조기 노화에서 나타나는 다양한 양상들을 늦추었다. 그 발견은 세포 노화라는 분야를 노화 과학의 전면에 내세웠고, 50년도 더 전에 제시된 논쟁적인 생각에 새로운 생명을 불어넣었다. 세포의 분열 능력 상실이 시간에 따른 신체의 쇠퇴를 불러온다는 생각이었다. 그와 관련해서 새로이 이목을 끈 최근의 연구가 하나 더 있다. 오랫동안 암의 방어책으로 여겨져온 세포 노화의 양면성을 밝힌 연구였다. 세포 노화가 몇 가지 면에서는 종양의 성장을 봉쇄하지만, 다른 면에서는 오히려 그것을 촉진한다는 것이다.

새로운 발견들을 바탕으로, 세포 노화를 늦추는 것이 말년의 암을 비롯한 질병들을 지연하는 데 도움이 될 가능성을 점쳐볼 수 있다. 메이오 생쥐에게서 노화된 세포를 제거하는 데는 복잡한 유전자조작이 필요했기 때문에, 아마 빠른 시일 안에 인간에게 동일한 치유법이 적용되기는 어려울 것이다. 그러나 완전히 패배한 것은 아니다. 비슷한 역할을 해줄 더 간단한 개입 방법이 여러 가지 있다.

늙고 지친 세포들

노화된 세포에 관한 연구는 놀라운 발견들과 광범위한 수정들을 겪어왔다. 원래 생물학자들은 노화된 세포를 그저 재생산 능력을 소진한 세포들로만 생각했다. 세포 노화 상태의 공동 발견자인 레너드 헤이플릭은 1961년에 인간 세포가 약 50회의 재생산 주기를 마치면 일종의 분자시계가 노화의 방아쇠를 당긴다고 확정했다. 그는 이 '헤이플릭 한계'가 전체 신체 노화의 원인이라는 가설을 세웠다. 분열이 중단되면 세포들이 손상된 조직에서 손실된 것들을 재생산할 수 없을 터였다. 헤이플릭은 또한 세포들이 어떤 정해진 수의 재생산 주기를 채우고 나면 분열 능력을 잃도록 프로그램이 되어 있다고 제시했다. 정해진 한계는 이 손상된 세포들이 통제를 벗어나 분열함으로써 종양이 되지 않도록 막아줄 터였다. 세포 노화가 신체를 노화시키는 악영향은, 다른 말로 하자면 우리가 암에 걸리지 않는 대신 치러야 하는 대가로 보였다.

노화된 세포들이 노화를 유도한다는 이론은 1970년대에 시작된 연구들이 헤이플릭 한계를 뒷받침하는 분자시계를 밝혀내면서 힘을 얻었다. 텔로미어는 세포가 분열할 때마다 짧아진다. 세포는 텔로미어가 어떤 정해진 길이 이하로 줄어들면 분열을 멈춘다. 우리 세포는 우리가 충분히 오래 살면 노화되도록 프로그램이 되어 있는 것 같았다.

그러나 더 나중의 연구가 그 이론을 뒤집었다. 1990년대 말에 여러 실험실에서, 예를 들어 피부 세포의 증식 능력이 나이가 들어도 심하게 떨어지지 않았다는 연구 결과를 보고했다. 그것은 한 인간의 평생 동안 헤이플릭 한계에 도달하는 세포들이 조직의 보수를 크게 방해할 정도로 많지 않다는 신호였다. 생쥐들이 아주 긴 텔로미어를 가졌다는 사실을 확인해준 다른 연구들이 그 시각에 가세했다. 확실히 그 생쥐들이 죽기 전에 증식 세포가 한계에 다다르는 일은 없을 터였다. 2001년에 노화 연구자인 해리엇(Harriet)과 데이비드 거숀(David Gershon)은 검토 논문에서, 텔로미어 노화 이론을 "무관한 것으로 보아야" 한다고 선언했다.

노화의 시계 이론이 기울면서 세포 노화의 또 다른 명백한 역할(암을 막아주는)에 힘을 실어주는 증거가 쌓여갔다. 1990년대에는 특정 유형 세포의 노화와 유전적 돌연변이 등이 암의 특성인, 통제되지 않은 분열을 포함한 변화들을 촉발할 수 있다는 사실이 분명해졌다. 그리고 알고 보니 노화를 유도하는 세포 손상의 유형은 다양했다. 아마도 손상된 세포들이 악성이 되지 않도록 방지하는 것이 목적인 듯했다. 예를 들어 세포들을 DNA를 손상하는 산화제에 담그면 분열을 멈추게 할 수 있었다. 결정적으로 1997년에 지금은 마드리드의 스페인국립암연구소에 있는 마누엘 세라노(Manuel Serrano)가 이끄는 연구팀이 세포 내에서 분열을 지시하는 신호들이 지속적으로 치솟으면 노화가 확정된다는 사실을 발견했다. 암유전자(종양의 통제를 벗어난 성장을 부추기는데 한몫하는 돌연변이 유전자들)는 그런 무자비한 전진의 북소리를 울리는 것으로 유명하다.

이것들을 비롯한 발견들은, 세포 내 항암 기전이 통제를 벗어난 성장을 예방하기 위해 지속적으로 위험 신호를 확인한다는 것을 짐작케 한다. 그런 신호들이 지속되고 중요한 역치를 넘어서면, 항암 기전은 노화의 신호탄을 쏨으로써 세포분열을 영구히 정지시킬 수 있다. 그리하여 세포는 가능할 경우 손상을 복구하고, 은퇴와 비슷한 상태로 들어갈 것이다.

나빠진 좋은 세포들

노화 세포들(영영 분열을 못 하게 된)은 비록 양면적이었을지는 몰라도 한때 조용한 녀석들로 보였다. 암을 방지해주고(끝없이 증식할 수 없으므로), 노화를 불러일으키는 퇴행에 기여했다(조직 보수에는 세포가 필요하므로). 노화에 관여한다는 의심을 받은 적도 있었지만, 오늘날에는 이 두 가지 역할이 모두 인정되고 있다. 게다가 연구자들은 그 세포들이 근방에서 종양 성장을 촉진하고 조직에서 염증을 부채질하는 물질들을 분비할 수 있음을 알고 있다.

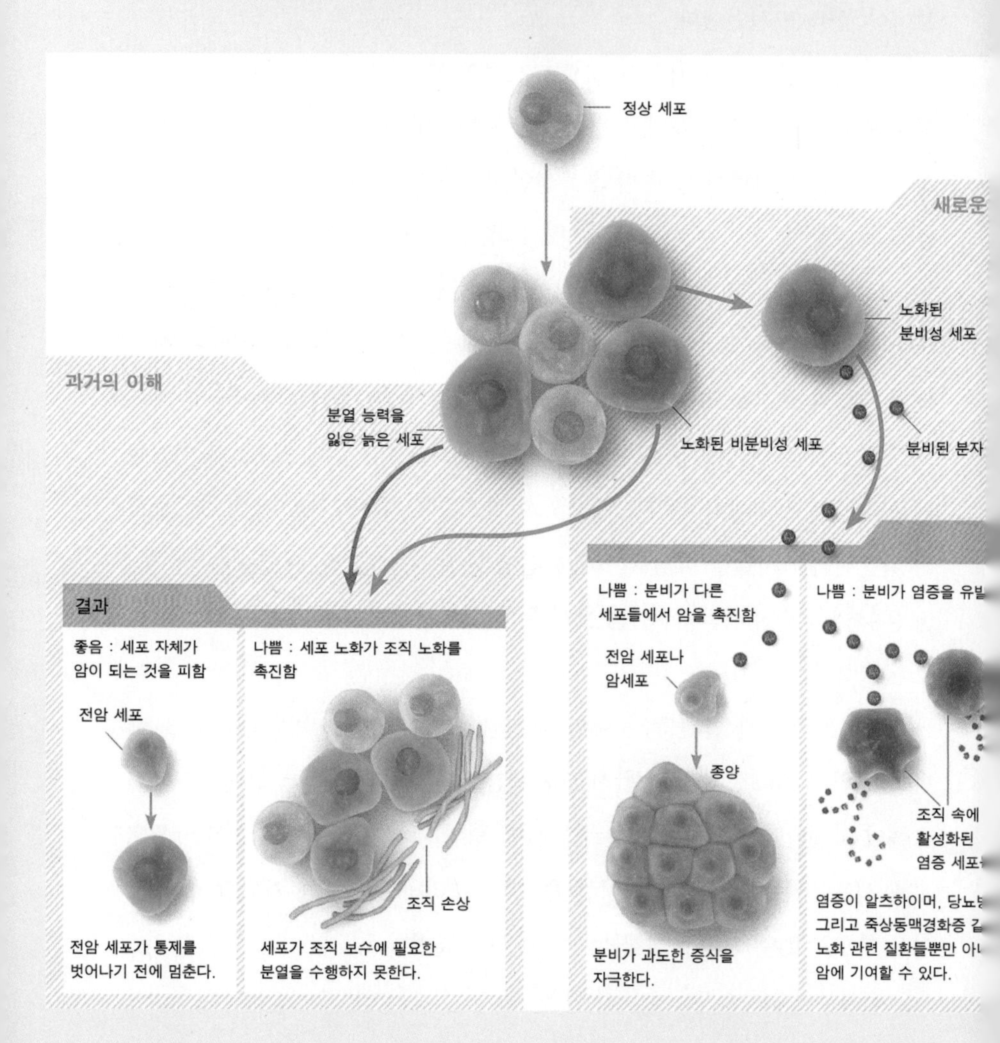

일러스트 : Gert Nielsen

암을 촉진하다

그 후 충격적인 소식이 전해졌다. 노화된 세포들이 암을 촉진하는 사례가 발견된 것이다. 지금은 캘리포니아 노바토의 버크노화연구소에 있는 주디스 캄피시(Judith Campisi)도 그것을 발견한 연구자들 중 하나였다. 캄피시가 그 후 떠올린 가설은 노화 세포들이 그저 노망난 채로 가만히 앉아만 있는다는 생각을 폐기하는 데 한몫했다. 그 가설은 세포들이 종양의 성장을 촉진하는 것과 다른 종류의 폭넓은 손상들을 야기하는 것, 둘 다를 적극적으로 할 수 있다는 것이었다.

노화 세포들이 그런 남모를 역할을 하고 있을 가능성을 보여준 실마리는 1990년대 후반에 처음 드러났다. 노화 세포들이 바로 근방(그들의 '미세 환경' 내)에 있는 세포들과 조직들을 교란할 수 있음을 시사하는 증거들이 등장하면서부터였다. 어찌 보면 그곳을 종양이 성장하도록 지원할 수 있는 우범지대로 만들었다고 할 수 있다. 2001년에 캄피시의 실험실은 전암세포와 그런 노화 세포들을 배양접시에서 함께 배양한 후 전암세포를 생쥐에게 이식하면 유달리 공격적인 종양이 유발될 수 있다는 혁신적인 연구 결과로 그 우범지대 가설을 확정했다. 우범지대 효과는 많은 노화 세포들이 해를 미칠 가능성이 있는 분자들을 숨겨주는 경향 때문인 듯하다. 해로운 분자에는 세포 증식을 자극하는 것들과, 세포를 에워싸 지지해주는 세포 밖 단백질을 파괴하는 것들이 있다. (종양 세포를 퍼뜨리는 데는 조직의 구조적 경계선들을 녹이는 바로 그 퇴행성 degradative 효소들이 이용되는 듯하다.) 2008년에 캄피시는 자신이 '노화관련분

비표현형(senescence-associated secretory phenotype, SASP)'이라고 명명한 것을 더욱 강력하게 뒷받침해줄 결과를 발표했다. 캄피시는 노화 세포들이 어떻게 보면 독을 옮기는 강시들처럼 구는 해로운 분자들을 숨겨준다는 것을 강조하기 위해 그 용어를 사용했다.

과학자들은 오랫동안 암의 방어책으로 여겨져온 세포들이 왜 자기들이 막으려고 진화되어온 듯한 바로 그 병을 적극적으로 유발하는지를 궁금해했다. 캄피시는 다른 계통의 연구 중에서도 특히 상처 치유에 관한 연구들을 바탕으로, 세포들이 어떻게 이런 역할을 하게 되는지를 설명하려 했다.

암과 상처 치유가 기묘하게도 몇 가지 면에서 비슷하다는 것을 한 계통의 연구가 보여주었다. 예를 들어 종양과 치유 중인 상처에는 응집성 단백질들의 전구체들이 혈관에서 새어 나와 재건을 지원하는 한 기질(matrix)로 중합될 때 생성되는 섬유 단백질들이 섞여 있다. 이 유사점들에 충격을 받은 하버드 의학대학원 병리학자인 해럴드 드보락(Harold Dvorak)은 1986년에 종양이 신체의 상처 치유 반응을 전용(轉用)함으로써 자신들의 비정상적 성장을 도모한다고 추론했다. 이 교묘한 술수 때문에, 종양들은 우리 신체에 "지속적으로 치유를 시작하지만 결코 완전히 낫지 않는, 끝나지 않는 일련의 상처들"로 나타난다고 그는 결론지었다.

또 다른 한 계통의 연구들은 노화 세포들이 상처 치유에 참여할 가능성을 보여주었다. 조직들이 손상되면 근방의 특정 세포들은 노화로 반응하고, 그 후 치유를 시작하는 염증 단계에 불을 붙인다. 그 단계에서는 화학적 전달물질인 사이토카인(cytokine)이 분비되는데, 이 물질은 면역 세포들을 불러들이고 활성화하여 감염과 싸우고 죽은 세포들과 찌꺼기들을 제거하게 만든다. 그 다음에는 건강한 세포들이 증식되어 손실된 세포들을 대신하고, 그 후 증식 단계는 리모델링 단계에 자리를 내주는데, 이 단계에서 노화된 세포들은 원래 상처에 노화가 더해져 쓰러진 섬유상 단백질(fibrous protein)들을 파괴하기 위한 분해 효소를 분비한다. 이 파괴는 상처 형성을 억제한다.

이런 그림들을 한데 짜 맞추면서, 캄피시는 진화가 손상된 세포들의 과도한 증식을 막으려고 노화 세포들을 이용할 뿐만 아니라 상처 치유를 위해 노화 세포들에 의지하고, 그 과정에서 SASP 형질도 함께 나타났다는 가설을 세웠다. 불행히도 그 분비 모드에 의해 노화 세포는 자신의 성장을 위해 상처 치유 프로그램을 멋대로 가져다 쓰는 종양의 범죄에 완벽한 공범자가 된다. 역시나 안타깝게도 염증을 부채질하는 노화 세포의 능력은 전체 신체를 우범지대로 바꾸어놓을 수 있다. 가벼운 염증이 암은 물론이고 죽상동맥경화증, 알츠하이머, 2형 당뇨를 비롯한 많은 노화 관련 질병들로 발전할 수도 있다.

노화의 중개자들

실제로 연구자들은 노화 세포들이 암을 유발하는 방식으로 행동할 수 있음을 발견했듯이, 노화에서 하는 역할에 관한 새로운 증거를 모아가기 시작했다. 특히 그들은 노화 세포들이 큰 문제가 생긴 설치류와 인간의 조직에서, 그리고 노화하는 전체 신체에서도 의심스러운 출현 빈도를 보인다는 사실을 발견하였다. 예를 들어 2006년에 연구자들은 노령의 쥐들에게서 나이에 따른 줄기세포의 노화가 진행되면서 면역 기능의 정상적 저하가 일어난다는 것을 보여주었다. 줄기세포는 다양한 종류의 면역 세포들을 지속적으로 생성하는 세포다.

이런 수많은 발견들이 가능했던 것은 어느 정도 세포의 노화를 규정하는 특징들을 발견한 덕분이었다. 노화의 표지 중 가장 유용한 것으로는 p16^{INK4a}(줄여서 p16)라고 불리는 한 유전자가 만드는 단백질의 수치 상승이 있다. 런던대학교 퀸메리캠퍼스의 데이비드 비치(David Beach)가 1993년에 발견한 p16 활동은 훗날 세포들이 다양한 종류의 손상을 감지할 때 분열을 멈추도록 만드는 데 일조하는 것이 밝혀졌다.

노스캐롤라이나대학교 채플힐의과대학의 노먼 E. 샤플리스(Norman E. Sharpless)와 동료들은 p16 단백질 수치와 노화를 관련 짓는 수많은 연구들을 실시했다. 그리하여 예컨대 설치류와 인간에게서 세포의 나이와 더불어 그 단백질 수치가 오른다는 것, 그리고 이 노화를 유도하는 수치 증가가 세포들이 증식하고 손상 조직들을 보수하는 능력의 감퇴와 유관하다는 것도 밝혀냈다. 2004년에 연구팀은 나이 많은 설치류의 거의 모든 조직에서 p16이 눈에 띄게 증가하며, 칼로리 억제로 그 속도를 늦출 수 있다는 결과를 보고했다. 그것은 1930년대 이래 다양한 종에게서 수명을 늘리고 건강한 노화를 촉진한다고 알려진 궁핍 식단의 한 형태였다.

2004년 발견으로부터 5년 후, 샤플리스의 실험실은 노화가 진행되면서 인

*항체 생성을 돕고 면역에 주된 역할을 한다.

간의 면역 체계에 있는 T세포의* p16 수치가 급격히 증가한다는 것을 보여주었다. 흥미롭게도 T세포들의 p16 수치가 높은 것은 흡연자들과 정적인 생활을 하는 사람들이어서, 그런 행동들이 세포 노화를 촉진할 가능성을 점쳐볼 수 있다. 실제로 샤플리스는 자신의 연구팀에서 p16을 측정하는 간단한 검사법을 개발했다면서, 자신의 수치가 대학원생들에 비해 두 배 더 높았음을 알게 되었다고 말했다. 그래도 45세치고 그는 동안인 편이다.

p16과 세포 노화를 노화의 특성들과 관련 짓는 것을 넘어, 샤플리스와 동료들은 세포 노화가 조직 노화와 전체적 노화에 기여한다는 생각을 뒷받침하는 일련의 실험 결과들을 발표해왔다. 2006년에 그들은 p16 유전자가 활동하지 않는, 따라서 노화 세포들을 덜 형성하는 노령 생쥐들의 췌장 세포를 독성에 노출시켜 망가뜨리는 실험을 통해, 더 어린 생쥐들과 맞먹는 재생 능력을 확인했다. p16 활동이 억제된 노령 생쥐들은 뇌의 특정 부분들에서 뉴런들을 생성하는 능력이 정상적인 또래보다 훨씬 뛰어나다. 혈관계 줄기세포들(면역 세포와 적혈구를 생성하는 것들)의 p16 수치를 낮추면 줄기세포가 가진 재생산 능력의 일반적인 노화 관련 감소를 막을 수 있다는 것 역시 그 연구의 결과들 중 하나였다.

지난 5년 동안 수행된 다른 연구들은 사람들이 만드는 p16 단백질 양의 차이(따라서 나이가 듦에 따라 세포가 노화하는 속도)에 영향을 미치는 유전적 차이들이 죽상동맥경화와 알츠하이머를 비롯한 수많은 노화 관련 질병들의 발병 위험을 결정하는 데 관여한다는 결과를 내놓았다. 샤플리스는 이 같은 "몹시 흥미로운" 발견들이 p16에 대한 의학 연구자들의 관심을 북돋워왔으며, 노화 관련 쇠퇴의 용의자로 세포 노화에 초점을 맞추는 연구에서 "무언가 실제적인 진보가 이루어지고 있음을 알려주는 열쇠"라고 말한다.

그러나 메이오클리닉 연구는 세포 노화에 개입하는 것이 이로울 수 있다는 증거를 가장 직접적으로 제시했고, 반 듀어슨의 그룹은 실제로 p16을 그런 세포들의 꼬리표로 이용함으로써 그렇게 했다. 그 연구팀은 생쥐가 염색체 결함을 갖도록 유전자를 조작해 다양한 조직에서 조숙한 세포 노화를 겪게 만드는 한편, p16 유전자들이 활성화되면 세포들이 특정한 한 약물에 더 잘 죽게 만드는 한 유전자를 갖게 했다. p16 유전자들이 활성화되지 않은 비노화 세포들은 영향을 받지 않았다. 태어날 때부터 노화 세포를 제거하는 약물 치료를 받은 생쥐들은 치료를 받지 않은 생쥐들에 비해 피하지방 감소, 근육 손실, 백내장 같은 노화 관련 쇠퇴 증상들이 더 늦게 일어났다. 한편 다 자란 후에 약물 치료를 받은 생쥐들은 노화로 인한 지방과 근육의 손실이 늦춰졌다.

메이오의 발견들이 비록 짜릿하긴 하지만, 그것만으로는 정상적인 노화를 겪는 사람에게서 노화 세포들을 제거하는 것이 어떤 도움이 되거나 수명을 늘리리라고 확신할 수 없다. 캄피시는 예컨대 그 연구에서 노화 세포들이 정상적 노화의 원인임이 확정적으로 입증되지 않았음을 강조한다. 연구의 생쥐가 겪은 것은 정상적 노화가 아니라 가속된 노화였다. 그리고 그 가속된 노화의 모든 양상이 급속한 세포 노화와 관련된 것도 아니었다. 사실 노화 세포를 제거하는 것은 생쥐의 주요 사망 원인(심장과 혈관 기능 저하의 때 이른 시작)을 제거하는 데 도움이 되지 않았고, 그리하여 그들의 수명은 크게 늘지 않았다.

단순한 조치들

그래도 과학자들이 인간의 세포 노화를 감소시키면 실제로 노화나, 아니면 적어도 주름이나 더 심각한 몇 가지 노화 관련 질병들을 늦출 수 있다는 사실을 발견했다고 생각해보자. 우리는 어떻게 노화 과정에 안전하게 개입할 수 있을까?

인간을 대상으로 메이오의 연구를 복제하려면 출생 전에 인간의 게놈을 편집해야 한다. 그러니 그 방법은 당장은 실행할 수 없을 것이다. 아마 영영 못하지 않을까. 단순히 한 약물로 p16 유전자의 활동을 막는 것은 어쩌면 원치 않는 세포 증식과 발암 위험을 높이는 역효과를 낼지도 모른다. 그러나 놀랍도록 단순한 몇 가지 방법들의 가능성을 생각해볼 수 있다.

흡연자들과 운동이 부족한 사람들의 p16 수치가 더 높다는 것은 어쩌면 금연과 규칙적인 운동으로 세포 노화를 촉진하는 분자 손상을 예방할 수 있다는 뜻일지도 모른다. 어쩌면 살을 빼는 것 역시 그런 방법 중 하나일 수도 있다. 사실 반 듀어슨과 그의 메이오 동료인 제임스 커크랜드(James Kirkland)는 지방전구세포(preadipocyte)라고 불리는 지방세포 전구물질이 비만인 동물과 인간에게서 가속된 노화와 비슷한 증상을 유도한다는 가설을 세웠다. 왜냐하면 캄피시의 이론에서도 보았듯, 세포들은 다수가 함께 노화하는 경향이 있고

전신에 가벼운 수준의 만성 염증을 촉발하기 때문이다.

또한 몇 가지 예비 증거들에 따르면, 라파마이신(rapamycin)이라는 약물이 암을 유발하지 않으면서 세포 노화를 억제할 수 있을지도 모른다. 생쥐에게 라파마이신을 장기적으로 먹였더니 수명이 늘었다는 흥미로운 실험 결과가 있다. 그리고 최근에 캄피시의 실험실은, 특정한 항염 약물들이 노화 세포의 파괴적인 SASP 발현을 억제한다는 것을 보여주었다. 그러나 샤플리스의 말에 따르면, 현재로서 해로운 세포 노화에 맞서는 가장 신중한 방법은 다음과 같다. "흡연을 하지 말고, 적당히 먹고, 운동을 하세요."

과연 세포 노화에 제동을 거는 방법으로 일반적 노화를 늦출 수 있을지 아직은 아무도 모른다. 그러나 노화 세포들이 조직과 기관의 노화 관련 쇠퇴에서 큰 비중을 차지한다는 이론은, 이제 세월이 흐르면서 쇠퇴하기는커녕 더욱 굳건해지고 있다. 이 이론이 언젠가 건강한 노화를 촉진하는 새로운 방법들로 이어질 가능성은 갈수록 높아질 듯하다.

3

유리기의 손상

3-1 항산화제라는 신화

멜린다 웨너 모이어 Melinda Wenner Moyer

2006년, 데이비드 젬스(David Gems)의 인생은 한 무리의 벌레들이 죽어야 할 때를 넘겨서 계속 살아남은 사건으로 뒤집혔다. 유니버시티칼리지런던 소속 건강한노화연구소(Institute of Healthy Aging) 부소장인 젬스는 노화의 생물학을 연구하는 데 흔히 이용되는 예쁜꼬마선충을 가지고 실험하는 것이 정규 업무다. 그리고 이 특정한 실험에서 그는 산화에 의한 세포 손상 축적(유리기 같은 반응성 높은 화합물들이 한 분자의 전자들을 화학적으로 제거하는 과정)이 노화의 주된 메커니즘이라는 생각을 검증하고 있었다. 이 이론에 따르면, 산화라는 무자비한 과정은 시간이 갈수록 점점 더 많은 지질, 단백질, DNA 조각들 및 세포의 핵심 부품들을 난도질하여 결국 조직과 기관들을 쇠퇴시키고 그 결과 전체 신체의 기능을 쇠퇴시킨다.

젬스는 선충들의 유전자를 조작해서, 유리기들의 활성화를 막아 자연적 항산화제 역할을 하는 특정 효소들의 생산을 중단시켰다. 항산화제가 사라지자 확실히 수치가 치솟으면서, 선충의 전신에 걸쳐 손상을 유발할 수 있는 산화 반응이 촉발되었다.

그러나 기대와 달리, 돌연변이 선충들은 일찍 죽지 않았다. 그 대신 보통 선충들과 똑같이 오래 살았다. 젬스는 어리둥절했다. "저는 이렇게 말했죠, '야, 이건 좀 아니잖아. 확실히 뭔가 잘못된 거야.'" 젬스는 실험실에 있는 다른 연구자에게 결과를 확인해주고, 실험을 다시 해달라고 부탁했다. 아무것도 달라지지 않았다. 그 실험용 선충들은 이런 특정한 항산화제들을 생산하지 않았고 예측대로 유리기들을 축적했지만, 조기 사망하지 않았다. 심각한 산화 손상들을 겪긴 했지만.

다른 과학자들 역시 다른 실험실 동물들에게서 그와 비슷하게 당혹스러운 결과들을 발견하고 있었다. 텍사스대학교 샌안토니오캠퍼스의 건강과학연구소 산하기관인 바숍수명과노화연구소(Barshop Institute for Longevity and Aging Studies)의 앨런 리처드슨(Arlan Richardson)은 18종의 생쥐의 유전자를 조작했다. 일부는 보통 쥐들보다 특정 항산화 효소를 더 많거나 더 적게 생산했다. 만약 유리기 생산과 그에 의한 산화가 초래한 손상이 노화의 원인이라면, 항산화제 효소가 더 많은 생쥐들이 그렇지 않은 생쥐들보다 더 오래 살아야 했다. 그러나 리처드슨은 말한다. "저는 그 빌어먹을 수명 곡선을 보았지만, 그 생쥐들 사이에는 단 1인치의 차이도 없었어요." 그는 2001년에서 2009년 사이에 내놓은 일련의 논문들에 그 갈수록 이해하기 어려운 결과들을 발표했다.

한편 리처드슨과 같은 층의 몇 칸 건너 실험실에서는 생리학자인 로셸 버펜슈타인(Rochelle Buffenstein)이 벌거숭이두더지쥐(naked mole rat)를 연구하고 있었다. 버펜슈타인은 설치류 중 가장 수명이 긴 벌거숭이두더지쥐가 25년에서 최장 30년(비슷한 크기의 다른 생쥐 종류에 비하면 약 여덟 배에 이르는 수명이었다)까지 살 수 있는 이유를 11년째 궁리 중이었다. 버펜슈타인의 실험 결과, 벌거숭이두더지쥐는 다른 생쥐보다 자연적 항산화제 수치가 더 낮고, 다른 설치류보다 더 어릴 때부터 조직에 축적된 산화 손상이 더 많았다. 그럼에도 그들은 실제로 아주 늙은 나이로 죽을 때까지 병에 걸리지 않는다.

산화 손상이 노화를 축적한다는 해묵은 이론을 지지해온 사람들에게 이러한 발견들은 이단 그 자체였다. 그러나 그런 발견들은 갈수록 예외에서 일반 법칙으로 변해갔다. 지난 10년 동안 유리기를 비롯한 반응성 분자들이 노화를 촉진하는 것이 아니라 노화에 직접 맞선다는 것을 더 확실히 입증하기 위해 더 많은 실험들이 설계되었다. 더욱이 특정한 양과 상황에서 이런 고에너지 분자들은 어쩌면 해로운 것이 아니라, 우리 신체의 최상 컨디션을 유지하는 고유한 방어 기전에 방아쇠를 당기는, 유용하고 건강한 역할을 하는 듯하다. 이런 생각들은 미래의 노화를 막기 위한 개입에 도움이 될 어떤 방법의 강력한 가능성을 보여줄뿐더러, 항산화 비타민을 잔뜩 털어 넣는 식의 흔한 건강 상식에 의문을 제기하기도 한다. 만약 산화 손상 이론이 틀렸다면, 노화는 연구자들이 생각한 것보다 더 복잡해진다. 그리고 결국 건강한 노화가 어떤 모습인가에 관한 이해 자체를 분자 수준에서부터 재점검해야 할 수도 있다.

"그간 노화 연구라는 분야의 기준이었던 패러다임이, 노화에 대한 개념 자체가, 어쩌면 아무 근거 없는 것이었을 수도 있습니다." 젬스는 말한다. "우리는 어쩌면 다른 이론들도 살펴보면서, 근본적으로 생물학을 완전히 다르게 보아야 할 것인가를 고민해야 할지도 모릅니다."

유리기 이론의 탄생

노화의 원인을 산화 손상이나 유리기로 설명하는 이론의 기원은 1945년 12월에 운명의 부름을 받은 데넘 하먼(Denham Harman)의 이야기로 거슬러 올라간다. 그것은《레이디스 홈 저널》덕분이었다. 아내인 헬런이 그 잡지를 집으로 가져와, 노화의 잠재적 원인에 관한 기사를 하먼에게 보여주었다. 하먼은 그 기사에 매혹되었다.

그 당시 29세의 화학자였던 하먼은 셸오일의 연구 부서인 셸디벨롭먼트에서 근무하고 있었으므로, 이 문제를 곰곰이 생각할 시간이 많지 않았다. 하지만 그로부터 9년 후 의과대학원을 졸업하고 수련을 마친 그는 캘리포니아대학교 버클리캠퍼스에서 연구 조교로 일하면서 노화의 과학을 한층 진지하게 숙고하기 시작했다. 그리고 어느 날 아침 사무실에 앉아 있는데, 계시처럼 한 가지 생각이 떠올랐다. 노화를 유도하는 것은 틀림없이 유리기일 것이다. "왜, '청천벽력처럼'이라고 하죠." 그는 2003년 인터뷰에서 회고했다.

비록 유리기는 한 번도 노화에 연루된 적이 없었지만, 하먼에게 그들의 혐의는 충분히 합리적이었다. 우선 한 가지로, 하먼은 엑스레이나 방사성 폭탄의 전리방사선(치명적일 수 있는)이 체내 유리기 생산에 불을 붙일 수 있음을 알았다. 당시에 항산화제가 풍부한 식단이 방사능의 악영향들을 완화할 수 있다는 결과를 내놓은 연구들이 있었는데, 그것은 그런 악영향의 원인이 유리기일 수 있다는 뜻이었다. 그리고 그 생각은 옳았다. 게다가 유리기는 호흡과 신진대사의 정상적 부산물로 시간이 갈수록 신체에 축적되었다. 하먼은 세포 손상과 유리기 수치는 모두 노화와 더불어 증가하므로, 아마도 유리기가 노화의 원인인 손상을 야기했으리라고 생각했다. 그리고 항산화제가 그 손상을 완화할 거라고 추측했다.

하먼은 그 가설의 검증에 들어갔다. 그는 한 초기 실험에서, 생쥐에게 항산화제를 먹이면 수명을 연장할 수 있음을 보여주었다. (그러나 고농도의 항산화제는 해로운 영향을 미쳤다.) 다른 과학자들 역시 곧 그 가설을 검증하기 시작했다. 1969년에 듀크대학교의 연구자들은 신체에서 생산되는 항산화 효소(슈퍼옥사이드 디스뮤타아제superoxide dismutase, SOD)를 처음 발견하고, 그것이 유리기 축적의 해로운 효과에 맞서기 위해 진화했으리라고 추정했다. 이런 새로운 데이터들이 나타나면서 대다수 생물학자들은 그 생각을 받아들이기 시작했다. "노화 연구자들에게 유리기 이론은 공기나 다름없어요." 젬스는 말한다. "어디에나 있고, 모든 교과서에 실려 있죠. 간접적으로든 직접적으로든 모든 논문이 그것을 언급하는 것 같아요."

그러나 시간이 지나면서 과학자들은 하먼의 실험 결과들 중 일부를 복제하는 데 어려움을 겪었다. 1970년대 무렵에는 "동물들에게 항산화제를 먹이는 것이 실제로 수명에 영향을 미친다는 것을 확실히 보여준 연구 결과는 전혀 없었습니다"라고 리처드슨은 말한다. 그는 아마 실험들(여러 과학자들이 해온)이 서로 충돌한 것이 그저 통제가 제대로 이루어지지 않았기 때문일 거라고 가정했다. 어쩌면 동물들이 섭취한 항산화제를 흡수하지 못해서 혈중 유리기의 전반적 수치가 변하지 않았는지도 모른다. 그러나 1990년대 무렵 유전학의 발전 덕분에 과학자들이 더한층 정확한 방식으로 항산화제의 효과를 검증할 수 있게 되었다. 직접 게놈을 조작함으로써 동물이 생산할 수 있는 항산화 효소의 양을 변화시킬 수 있었다. 유전적으로 조작된 생쥐를 이용한 리처드슨의 실험들은 생쥐들의 신체를 순환하는 유리기 분자의 수치가(그리고 따라서 그들이 견디는 산화 손상의 정도가) 생쥐들의 수명과 아무런 관련이 없음을 몇 번이고 반복해서 보여주었다.

좀 더 최근에 맥길대학교의 생물학자인 지그프리드 헤키미(Siegfried Hekimi)는 초산화물이라고 알려진 특정 유리기를 과잉 생산하는 선충을 배양했다. "저는 그 선충들을 통해 산화 스트레스가 노화를 야기한다는 이론을 입증할 수 있을 거라고 생각했습니다." 헤키미는 선충들이 조기 사망할 것으로 예측했다고 말한다. 그러나 그는 조작된 선충들이 산화 손상 수치가 높아지지 않았을뿐더러 오히려 정상 선충들보다 평균 32퍼센트 더 '오래' 살았다는 결과를 얻었고, 2010년 《PLoS 생물학》에 그 결과를 논문으로 발표했다. 그러나 유전적으로 조작된 이런 선충들에게 항산화 비타민C를 처방하자 수명 증가 효과가 사라졌다. 헤키미는 초산화물이 선충에게서 파괴 분자가 아니라, 세포 손상 보수에 참여하는 유전자를 발현시켜 신체 보호 신호의 역할을 한다고 추론했다.

헤키미는 후속 실험에서, 동식물 모두에게서 유리기 생산을 유발하는 흔한 제초제를 희석한 용액에 처음 태어난 정상 선충을 노출시켰다. 위의 2010년 논문에 실린 그 결과는 직관에 어긋나는 것이었다. 독극물에 목욕한 선충들은 그렇지 않은 선충들보다 58퍼센트 더 오래 살았다. 다시금 그 선충에게 항산화제를 먹이자 그 독성의 이로운 효과는 사라졌다. 마침내 2012년 4월에 헤키미와 동료 연구자들은 선충에게서 슈퍼옥사이드 디스뮤타아제 효소를 만드는 다섯 유전자 모두를 파괴하거나 비활성화하는 것이 선충 수명에 실제로 아무런 영향도 미치지 않는다는 결과를 보여주었다.

이런 발견들은 유리기 이론이 완전히 틀렸음을 뜻하는가? 캘리포니아 노바토의 버크노화연구소 소속 생물화학자인 사이먼 멜로프(Simon Melov)는 그 문제가 그렇게 단순할 리 없다고 믿는다. 유리기는 어쩌면 어떤 상황에서는 이롭고 어떤 상황에서는 해로울지도 모른다. 다량의 산화 손상이 암과 기관 손상을 야기한다는 것은 논쟁의 여지가 없는 사실로 입증되었고, 산화 손상이 심장병 같은 일부 만성질환들의 발달에 관여한다는 것을 짐작케 하는 증거들도 많다. 게다가 워싱턴대학교 연구자들은 생쥐들을 유전적으로 조작해 카탈라아제(catalase)라는 항산화제 수치를 높이면 수명이 늘어난다는 것을 보여주었다. 그러나 산화 손상 같은 어떤 요인이 특정한 경우에 노화에 기여한다고 말하는 것은 "그것이 노화의 원인이라고 말하는 것과는 매우 다른 이야기입니다"라고 멜로프는 지적한다. 그는 노화가 한 단일한 원인과 단일한 치유법이 있는 단일한 독립체라면 문제가 간단하겠지만, 그건 그저 희망 사항일 뿐이라고 생각한다.

관점 바꾸기

유리기가 노화 동안 축적되지만 반드시 노화를 야기하지는 않는다고 가정할 때 그것은 실제로 어떤 영향을 미치는가? 현재까지 그 질문에 대한 답은 확정적 데이터보다는 주로 추론을 근거로 했다.

"그들은 실제로 방어 기전의 일부입니다"라고 헤키미는 주장한다. 유리기는 때로 세포 손상의 반응으로 생산될지도 모른다. 이를테면 신체 자신의 보수 메커니즘에 신호를 보내는 방식으로 말이다. 이 시나리오에서 유리기는 노화 관련 손상의 결과이지 원인이 아니다. 그러나 대량일 경우 유리기가 손상도 초래할 수 있다는 것이 헤키미의 생각이다.

사소한 손상들이 신체로 하여금 더 큰 손상을 버티게 해준다는 일반적인 생각은 새로운 것이 아니다. 실제로 근육이 꾸준한 압박 증가에 반응해 강해지는 방식 역시 그와 동일하다. 운동을 가끔만 하는 많은 사람들은 일주일 내내 사무실에만 앉아 있던 신체를 갑자기 혹사하면 장딴지와 오금의 당김을 비롯한 심각한 부상을 당할 위험이 있다는 것을 몸으로 알고 있다.

2002년 콜로라도대학교 볼더캠퍼스의 연구자들은 선충을 열이나 화학물질에 노출시켜 유리기의 생산을 유도하는 실험을 통해 환경적 압박이 선충의 능력을 끌어올려 나중의 더 큰 상해를 견디게 해주었음을 입증했다. 그 개입은 또한 선충의 기대수명을 20퍼센트 증가시켰다. 그러나 이런 개입들이 전반적인 산화 손상 정도에 어떻게 영향을 미쳤는지는 명확하지 않은데, 연구자들은 이런 변화들을 측정하지 않았기 때문이다. 2010년에 캘리포니아대학교 샌프란시스코캠퍼스와 한국 포항공과대학교의 연구자들은 《커런트 바이올로지(Current Biology)》에서 일부 유리기들이 HIF-1을 발현한다고 보고했다. HIF-1은 자신이 유전자이면서 세포 보수에 관련된 다른 수많은 유전자들을 활성화하는 역할도 한다. 그 유전자들 중에는 돌연변이 DNA를 보수하는 것도 있다.

유리기는 또한 운동이 이로운 이유를 설명하는 데도 도움이 될지 모른다. 연구자들은 유리기를 생산한다는 것이 운동의 단점이라고 여겨왔다. 그러나 2009년에 《미국국립과학원회보(Proceedings of the National Academy of Sciences USA)》에 발표된 연구에서, 독일 프리드리히실러예나대학교의 영양학과 교수인 미카엘 리스토우(Michael Ristow)와 동료들은 항산화제를 복용하면서 운동한 사람들과 복용하지 않고 운동한 사람들의 생리학적 프로파일을 비교했다. 리처드슨의 생쥐 실험 때와 마찬가지로, 리스토우는 비타민을 복용하지 않은 운동자들이 복용한 운동자들보다 더 건강하다는 사실을 발견했다. 무엇보다도 보충제를 복용하지 않은 운동자들은 2형 당뇨병의 신호를 더 적게 나타냈다. 텍사스 사우스웨스턴의과대학원의 미생물학자인 베스 레빈(Beth Levine)의 연구는 운동이 또한 자가소화작용(autophagy)이라는, 세포들이 단백질과 그 외 아세포 조각들의 마모된 부분들을 재활용하는 생물학적 과정을 가속화한다는 사실을 보여주었다. 낡은 분자들을 소화하고 해체하는 데 사용된 도구는 바로 유리기였다. 그러나 레빈의 연구 결과를, 자가소화작용이 유리기의 전반적 수치를 낮췄다는 식으로 해석할 수도 있기 때문에 문제는 그리 단순하지 않다. 어쩌면 유리기는 세포의 서로 다른 부분에 다양한 유형과 정도로 존재하면서, 상황에 따라 다른 역할을 할지도 모른다.

항산화라는 신화

유리기가 늘 나쁜 것만은 아니라면, 해독제인 항산화제 역시 늘 좋은 것만은 아닐 수 있다. 전체 미국인의 52퍼센트가 비타민E와 베타카로틴 같은 멀티비타민 보조제 형태로 상당량의 항산화제를 매일 복용한다는 사실을 생각해 보면, 그것은 걱정거리가 될 수 있다. 2007년에 《미국의학협회지(Journal of American Medical Association)》는 항산화 보조제가 사망 위험을 줄여주지 않는다는 결론을 제시한 68건의 체계적 임상 연구 결과를 발표했다. 편향에 영향을 받을 가능성이 가장 적은 실험들(예를 들어 참가자들이 무작위로 연구에 배정되었고, 연구자들도 참가자들도 누가 어떤 알약을 받는지 몰랐던)만 검토한 저자들은 특정한 항산화제들과 사망 위험의 증가 사이의 관련성을 발견했다. 일부 경우에 그 증가율은 최고 16퍼센트에 이르렀다.

미국심장협회와 미국당뇨병협회를 포함한 미국의 일부 단체들은 이제 비타민 결핍 진단을 받은 경우가 아니면 항산화 보조제를 섭취하지 말라고 충고한다. "문헌 연구는 이런 보조제(특히 다량으로 복용할 때)가 반드시 기대했던 대로 이로운 효과를 내지 않는다는 증거를 갈수록 더 많이 내놓고 있습니다." 국립암연구소 영양역학분과의 주임 연구원인 드미트리어스 얼베인스(Demetrius Albanes)는 말한다. 그 대신 "갈수록 부작용의 가능성이 눈에 띕니다."

그러나 당장 사람들이 항산화제에 완전히 등을 돌리거나, 대다수 노화 연구자들이 유리기가 이롭다는 생각을 진정 마음 편히 받아들이게 될 것 같지는 않다. 앞으로 더 많은 증거가 나오지 않는다면 말이다. 하지만 노화가 거의 60년 전 하먼의 상상보다 훨씬 더 복잡하고 뒤엉킨 과정임을 암시하는 증거들이 서서히 쌓이고 있다. 거기에 동조하는 젬스는 증거들이 한 새로운 이론, 즉 노화가 성장과 재생산에 관련된 특정 생물학적 과정들의 지나친 활동성에서 유래한다는 이론을 뒷받침한다고 믿는다. 그러나 과학자들이 어떤 발상(또는 발상들)을 받아들이든 진보는 이루어지고 있다. "끊임없이 사실들을 파헤치는 과학자들은 그 분야를 약간 더 낯설지만 더 현실적으로 바꾸어놓고 있습니다." 젬스는 말한다. "그것은 이 분야에 놀랍도록 신선한 숨을 불어넣어줍니다."

3-2 유리기 이론의 변화

케이트 윌콕스 Kate Wilcox

기업들은 미용 크림과 탄산음료 같은 다양한 상품들에 항산화제들을 넣으면서, 그것이 세포를 청소해주고 암을 예방하며 심지어 죽음을 늦춰준다고까지 주장하기 시작했다. 항산화제가 신진대사의 정상적 부산물인 불안정한 산소 분자들이 세포를 손상하지 않도록 예방한다는 생각이다. 그렇지만 장수에 관한 한 그 항산화제들이 답이 아닐 수도 있다는 연구 결과가 최근 발표되었다.

노화의 항산화 이론은 신체가 사용하는 산소 분자들 중 일부가 음전하를 띠어서 반응성이 높아진다고 주장한다. 그 결과로 세포 구조와 단백질과 DNA가 손상되고, 다시 그 결과로 건강이 나빠지고 신체가 노화한다. 세포들은 자연적 방어책을 가지고 있다. 화학물질을 중성화하여 그것들이 세포에 해를 입히지 않도록 방지하는 특수한 종류의 항산화제인 슈퍼옥사이드 디스뮤타아제(SOD)가 그것이다. 이제는 네브래스카대학교 의과대학 명예교수인 데넘 하먼이 1956년에 제시한 이론에 따르면, 신체가 나이를 먹으면 SOD의 산화 스트레스 방지 능력이 저하된다. 지난 50년 동안 폭넓게 받아들여진 이 이론은 연구를 통해 뒷받침되어왔다. 생쥐나 파리나 이스트에서 SOD 유전자를 제거하자 암이 발생했으며 수명이 줄었다.

그러나 2009년 2월 맥길대학교의 지그프리드 헤키미와 제레미 M. 반 람스돈크(Jeremy M. Van Raamsdonk)는 《PLoS 유전공학》에서, 예쁜꼬마선충에서

SOD를 제거하자 그와 정확히 반대 결과가 나왔다고 보고했다. 수명이 오히려 늘어난 것이다. 그 실험은 주로 미토콘드리아(에너지를 생산하는 세포소기관)에서 작업하는 선충의 다섯 SOD 유전자를 다양한 조합으로 불능으로 만들어 선충의 항산화제 생성 능력을 교란했다. 그 연구가 한 SOD 유전자(이름하여 sod-2)를 제거하자, 그 선충들은 실제로 30퍼센트 더 오래 살았다. 다음 연구에서 네 유전자를 불구로 만들자, 그 선충들은 여전히 긴 수명을 누렸다.

헤키미는 그 발견이 노화의 유리기 이론 전체에 깽판을 놓았다고 믿는다. 그리고 그 이론 대신 세포 손상이 노화의 부산물이지 실제 원인이 아니라고 주장한다. "마치 태양이 매일 아침 떠오르는 것과 같습니다. 태양이 떠오를 거라고 증명할 수는 없지요." 그는 유리기 이론 지지자들에 관련해 그렇게 말한다. "그렇지만 저는 태양이 떠오르지 않는다는 것을 증명해야 하는 처지입니다."

그러나 이런 조작된 선충들은 건강하지 않은데, 산화 스트레스의 증거가 있다. 항산화제가 없으면 그 선충들의 세포는 보호막을 잃고, 실험실 밖에서는 질병이나 암으로 죽었을 것이다. 하지만 헤키미는 그런 질병을 정상적 수명을 가지는 것과 별도로 본다. 그는 비록 그 유기체들이 병들더라도 더 오래 산다는 점에 주목한다.

다른 과학자들은 그 발견들이 유리기 이론을 완전히 무너뜨릴 수 있다고 믿지 않는다. "한 단일한 유기체의 한 단일한 유전자를 연구한 논문 고작 한 편만 가지고 한 이론에 관한 포괄적인 결론을 낼 수는 없습니다." 초파리에 속하는 노랑초파리에서 SOD들을 검사한 온타리오 겔프대학교의 존 필립스(John Phillips)는 말한다. 게다가 예쁜꼬마선충은 SOD 유전자가 다섯 개지만 인간은 두 개다. 필립스는 말한다. "(예쁜꼬마선충의 산소 대사를 완전히 이해하려면) 여분의 SOD가 어디서 작용하는지 알아야 할 겁니다. 조직인지 근육인지, 그리고 어느 세포 부분인지요." 그 선충의 생물학적 고유성을 알면 SOD가 작용하는 일반적 방식을 이해할 수 있을 것이다.

헤키미는 자신의 발견들을 바탕으로 대안적 노화 이론을 제시한다. 더 느린 신진대사나 더 낮은 온도가 해당 유기체의 신체 속도를 늦추어 더 긴 수명을 보장해준다는 생각이다. 그간 몇몇 연구들이 삶의 속도로 노화를 설명하는 이론을 반박해왔지만, 헤키미는 다르게 생각한다. "그 이론을 좀 더 폭넓게 봐야 합니다. 일들이 일어나는 속도가 수명에 영향을 미친다는 식으로요." 그의 시각에 따르면, SOD 결함이 있는 선충들은 유리기에 의해 미토콘드리아에 손상을 입고, 그러면 에너지 생산이 저하되어, 그 결과 유기체의 속도가 떨어진다.

헤키미의 생각은 벨기에 겐트대학교의 바트 브랙만(Bart Braeckman)의 생각과 대조된다. 브랙만은 2007년에 자신이 실시한 꼬마선충 연구를 바탕으로 노화의 신진대사 이론을 배제했다. 하지만 브랙만 또한 유리기 이론이 유일한 답이라고 여기지 않는다. 그는 헤키미의 연구 결과가 지나치게 단순한 유형의 유리기 이론에 도전하는 최근의 다른 연구들과 맞아떨어진다는 점을 지적한다. "모든 논문의 최종 결론이 비슷합니다. 유리기 이론에는 문제가 있습니다."

그렇다면 이것은 모든 이가 떠들어대는 항산화제와 관련해 어떤 의미가 있을까? 합성 항산화제는 인간의 장수에 어떤 명확한 효과를 미친다는 것을 입증하는 데 실패했다는 것이다. 하면은 유리기 이론을 세운 이후로 줄곧 그 문제 때문에 골치를 썩였다. 항산화제가 손상을 막아준다는 것은 분명한 사실이지만, 노화를 얼마나 저지하느냐에 관해서는 아직 아무런 합의도 이루어지지 않았다. "내 이론에 도전이 제기되는 것은 기쁜 일입니다." 하먼은 말한다. "우리가 무언가를 달성하는 유일한 방법은 그것뿐이니까요."

3-3 피할 수 없다면 즐겨라?

캐스린 브라운 Kathryn Brown

담배는 끊으면 된다. 술은 줄이면 된다. 그렇지만 피할 수 없는 하나의 독소가 있다. 산소다. 공기를 삼킬 때마다 산소는 우리에게 생명을 준다. 그러나 그 일부는 우리 세포 내에서 엄청난 파괴를 일으킬 수 있는 급진적 분자로 변환된다. 그 결과 그 세포들은 물론이고 다른 세포들도 손상을 입는다. 갈수록 더 많은 전문가들이 그런 손상을 노화의 원인으로 지목하고 있다. 또한 언젠가는 산소의 악영향들을 막음으로써 수명을 크게 늘릴 수 있을 거라고 믿는다.

과학자들은 오래전부터 산소의 다면성을 주목해왔다. 분자들이 보통 그러하듯, 산소 분자 역시 돌아다니면서 온갖 종류의 것들과 반응을 일으킨다. 그 반응은 대부분 이롭다. 산소는 미토콘드리아라고 알려진 세포의 한 부분에서 지방 및 탄수화물과 결합하여, 우리가 하루를 살아가게 해주는 에너지를 생산한다. 하지만 그 변환은 완벽하지 않다. 적은 양의 산소는 유리기 또는 산화제라는 골치 아픈 형태로 재생성된다. 금속이 녹슬게 만드는 바로 그 녀석이다. 산화제들은 마구 헤집고 다니면서 우리 신체를 작동시키는 세포막과 단백질과 DNA를 비롯한 세포 구조들에 들러붙어 교란한다. 시간이 지나면서 이 손상은 축적되고, 그 결과 우리 신체는 더 늙고 더 약해진다.

한 추정에 따르면, 산화제들은 우리 세포 하나하나에서 DNA를 하루 1만 번씩 폭격한다. 고맙게도 그 공격의 대부분은 항산화 화학물질의 작은 군대에게 반격을 당한다. 또한 단백질들은 그것을 통과하는 유리기들이 야기하는 손상을 보수한다. 과학자들의 말에 따르면, 집은 늘 더러워지고 있으며 우리는 늘 청소하려 애쓰고 있다. 그렇지만 유리기를 막아내고 산화제 찌꺼기들을 쓸어다 버리는 데 지친 우리의 세포들은 결국 효율이 떨어지고, 손상은 축적된다. 우리는 안쪽에서부터 녹슬기 시작한다.

산화제들이 우리를 갉아먹어 늙게 만드는 것이 사실이라면 우리의 생화학적 방어를 끌어올림으로써 수명을 늘릴 수 있어야 한다. 적어도 과학자들이 실험실의 파리, 쥐, 선충 같은 동물에게서 발견한 바에 따르면 그것이 사실이다. 그들이 개발하려는 기술들이 과연 인간의 수명을 늘려줄 것인가 하는 물음에는 아직 답이 나오지 않았다. 그렇지만 일부 연구자들은 자신들이 답에 가까이 가고 있다고 생각한다. "열쇠는 산화 손상의 작용 방식을 제대로 이해하는 겁니다. 그리고 우리는 그것을 알아가고 있습니다." 캘리포니아대학교 버클리캠퍼스의 브루스 N. 에임스(Bruce N. Ames)는 말한다. "저는 기대수명이 사람들의 생각보다 훨씬 빨리 늘어날 거라고 확신합니다."

최초의 오염물

산소의 파란만장한 과거는 아주 오래전인 약 20억 년 전으로 거슬러 올라간다. 과학자들의 믿음에 따르면, 그 무렵 남세균(cyanobacteria)이 갈수록 더 많은 산소를 지구 대기에 배출하기 시작하여 마침내 수많은 유기체들이 산소와 함께 사는 법을 배우든가 아니면 산소의 부식성 때문에 망가지든가 양자택일을 해야 했다. 시간이 지나면서 산소에 유달리 잘 적응한 일부 세균은 미토콘드리아로, 즉 모든 인간 세포들이 음식을 에너지로 바꾸는 데 산소를 이용하는 작은 발전소들로 진화했다.

'유리기 노화 이론'을 반세기 전에 처음 제기한 사람은 네브래스카대학교의 데넘 하먼이었다. 그 생각은 1969년에 과학자들이 한 핵심 항산화제, 즉 슈퍼옥사이드 디스뮤타아제(SOD)를 밝혀내면서 신뢰를 얻었다. 인간 신체에서 형성되는 다양한 유리기들 중 우두머리 격인 해로운 슈퍼옥사이드를 파괴하는 효소였다. 연구자들은 곧 미토콘드리아가 산화제를 대량으로 생산했음을 알아냈다. 그리고 지금까지 산화제 손상과 노화의 연관관계를 밝힌 실험은 몇십 건에 이른다.

그러나 최근까지 그 연결 고리는 간접적 상호 관계 수준이었다. 예를 들어 실험실에서 일부 어린 인간 세포들은 과산화수소에 잠겨 있든 순수한 산소로 채워진 방에 놓여 있든 상관없이 늙은 세포들에 비해 산화 손상에 저항하거나 그 손상을 복구하는 데 훨씬 능숙하다. 또한 장수를 제공하는 돌연변이 유전자를 가진 실험실 파리들, 선충들, 그리고 생쥐들은 그렇지 않은 동물들에 비해 산화 손상에 더 잘 견디는 경향이 있다. "이 모든 연구는 산화 손상이 노화에 중요한 역할을 할 가능성을 보여줍니다. 그렇지만 그 연결 고리를 완전히 확정할 직접적 종류의 실험이 부족합니다." 서던캘리포니아대학교 분자생물학과 교수인 존 타워(John Tower)는 말한다. "문제는, 우리가 산화 스트레스를 실제로 줄인다면 과연 수명이 늘어날 것인가입니다."

그것을 알아낼 목적으로 타워와 같은 대학교 동료인 징타오 순(Jingtao Sun)은 단백질 조작을 통해 SOD와 또 다른 항산화제인 카탈라아제의 (열에 노출될 경우) 활동성을 높인 초파리를 배양했다. 그 파리들은 대조군의 파리들과 함께 실험실에서 정상적으로 삶을 시작했다. 그 후 5일째에 실험실 파리들에게 열을 가하자 항산화 반응이 급격히 상승했다. 결과는 놀라웠다. 보통 파리들 대부분은 6주도 못 되어 죽었지만, SOD가 강화된 파리들은 평균 48퍼센트 더 오래 살았다. "그건 SOD의 과발현이 수명을 연장한다는 매우 확실한 증거입니다." 타워는 말한다.

그것은 유일한 증거가 아니다. 댈러스 서던메소디스트대학교의 윌리엄 오르(William Orr)와 라진다르 소할(Rajindar Sohal)은 파리들을 조작해 SOD와 카탈라아제의 유전자를 추가로 갖게 했다. 그 파리들은 정상적인 최대수명보다 3분의 1만큼 더 오래 살았다. 그리고 노화도 천천히 진행되는 것 같았고, 더 높은 에너지와 더 빠른 움직임과 더 적은 산화 손상을 보여주었다. 그러나 소할과 동료들이 후속 연구에서 강조한 유의점이 하나 있다. 그 팀은 유전적 배경(타고나는 운)이 수명에 큰 영향을 미친다는 사실을 발견했다. 평균보다 긴 수명을 주는 유전자를 타고난 복 받은 유기체들은 더 일찍 죽도록 유전적으로 예정된 '위험한' 유기체에 비해 과발현된 SOD의 이득을 적게 얻는다. SOD는 어쩌면 그저 기울어진 운동장을 좀 더 평행하게 만들어주는지도 모른다. 오르가 덧붙인 바에 따르면, 지금까지 연구자들은 생쥐 모델들에서 SOD 발현을 조작함으로써 수명을 늘릴 수 없었다.

침입자 봉쇄하기

현재로서 과학자들은 정확히 어디서 산화제들이 가장 큰 문제를 일으키는지, 그리고 어떻게 하면 그것을 막을 수 있을지를 콕 집어 밝힐 수 있기를 희망하고 있다. 온타리오 궬프대학교의 분자생물학자 존 필립스의 말을 빌리자면, 신체 전체에서 산화 손상들과 맞서 싸우는 것이 아니라 가장 상처 입은 세포들에 맞춰 치유법을 설계해야 한다는 것이다. 필립스가 염두에 둔 후보 세포가 하나 있다. 뇌척수에서 근육에 지시를 내리는 운동신경세포다. 가족성근위축성측삭경화증 같은 마비 질병은 운동신경세포를 크게 손상시키고 SOD에 돌연변이를 일으키는 것은 물론, 조기 사망을 유발한다. 아마도 운동신경세포들은 노화 과정에 시동을 걸거나 그 과정을 지배하는 산화제들의 핵심 표적일 것이다.

그 생각을 검증하기 위해 필립스와 동료들은 인간 슈퍼옥사이드 디스뮤타아제 화합물의 하나인 SOD1 한 모금을 초파리에게 이식하여 그 파리의 운동신경세포에서만 발현되도록 했다. 그 초파리들은 확실히 정상 대조군보다 40퍼센트 더 오래 살았다. 그리고 그 늘어난 삶을 활기차게 살았다. "그저 죽음을 늦춘 것만이 아니었습니다. 노인 초파리는 그저 더 오래 살기만 한 것이 아니었습니다." 필립스는 말한다. "연장된 삶의 구간은 청년기였습니다." 그와는 대조적으로, 관련 없는 근육세포들에 SOD1을 주입한 경우에는 초파리의 수명에 아무런 변화가 나타나지 않았다고 한다. 그래도 아직은 의문이 남아 있다. "우리는 정말이지 왜 이 동물들이 더 오래 사는지 모릅니다." SOD와의 관련성을 확정하기 위해, 연구팀은 다양한 세포들이 어떻게 반응하는지 확인할 목적으로 다양한 유형의 운동신경세포들에 항산화제를 주입해왔다.

연구의 또 다른 표적은 모든 세포에 존재하는 미토콘드리아다. 이 작은 발전소들은 해로운 산화제들의 원천이므로, 화학물질들로 제일 먼저 폭격해야 할 세포 구조들이다. 1998년의 한 연구에서 소할과 그의 동료인 리앙-준 얀(Liang-Jun Yan)은 고농도의 순수 산소에 파리들을 노출시킨 후 미토콘드리아 세포막에서 산화제들이 작용하는 신호를 찾으려 했다. 그들은 산화제들이 온통 난장판을 벌인 것이 아니라 몇 가지 중요한 단백질만을 공격했음을 발견했다. 그 단백질들의 DNA 가닥에 들러붙어 작동을 방해함으로써 전체 세포가 정상적으로 작용하지 못하게 했다. "노화 과정에서 유리기가 일으키는 손상은 무작위적으로 우리 세포의 모든 곳에서 쇠락을 야기하지 않습니다." 소할은 말한다. "손상은 매우 선택적으로 일어나는데, 그것은 어쩌면 노화가 특정한 생화학적 손상들에서 유발된다는 뜻일 수도 있습니다."

에임스는 만약 이 생각이 사실로 입증된다면 반가운 소식일 거라고 말한다. "핵심 개념은 노화가 실제로 어떻게 작용하는지를 이해하는 것입니다. 만약 미토콘드리아 DNA의 쇠퇴가 그 원인이라면, 음, 우리는 이런 늙은 미토콘드리아에 힘을 불어넣을 방법을 찾으면 됩니다."

에임스와 오리건주립대학교의 토리 헤이건(Tory Hagen)과 동료들은 바로 그 일을 했다. 1999년의 몇 주 동안 그들은 노령의 생쥐들에게 리포산(강력한 항산화제로 전환되는)과 아세틸-L-카르니틴이 풍부한 먹이를 먹였다. 리포산과 아세틸-L-카르니틴은 미토콘드리아에서만 이용되는 화학물질들이다. 그 결과 이 생쥐들의 간세포는 침입자인 산화제들에게 더 큰 저항력을 보였다. 더욱이 이 늙은 쥐들은 활기가 넘쳤고, 외양도 더 미끈했으며, 뇌와 면역 체계의 기능도 더 향상되었다. "우리가 늙은 쥐들을 젊은 쥐들로 변화시켰다고까지는 말하지 않겠습니다." 에임스는 말한다. "하지만 미토콘드리아에서 일어난 변화들은 확실히 그렇게 보입니다."

슈퍼마켓에 답이 있을까

항산화제가 초파리와 쥐들에게 효과가 있다면 우리에게는 어떨까? 매일 한 알씩 먹으면 수명을 연장해주는 보조제가 나올 수 있을까? 기대하지 말자. "다들 항산화제 비타민 이야기를 합니다." 필립스는 투덜댄다. "적절한 양의 비타민C와 비타민E를 섭취하는 것이 해롭지 않다는 증거는 분명하지만, 그것이 실제로 노화를 늦추는 데 유용하다는 근거는 매우 빈약합니다." 우선 우리 몸이 흡수할 수 있는 이런 비타민들의 양에는 한계가 있다. 여분은 그저 쓰레기일 뿐이다. 또한 산업국가에 사는 우리 대부분은 매일 먹는 음식에서 기본 항산화제를 충분히 섭취하고 있다. 그와는 대조적으로, 항산화제 증가로 수명이 늘어난 실험실 동물들은 어쩌면 애초에 그런 화학물질들이 결핍되었을 수도 있다.

심지어 항산화 보조제들이 우리의 유리기 방어력을 끌어올려준다 해도, 어떤 것들을 (그리고 얼마나) 복용해야 할지는 알기 어렵다. 뭐든 마찬가지지만,

지나침은 독이 될 수 있다. 예를 들어 1996년에 두 대규모 연구가 뉴스거리가 되었는데, 베타카로틴 보조제(특정한 암 유형들을 막아준다고 여겨진)가 흡연자들의 폐암 발생률을 높였다는 결과 때문이었다. 건강식품점에서 날개 돋친 듯 팔려 나가는 일부 항산화제들은 아무런 도움도 되지 않을 것이다. 슈퍼마켓 진열대 위에 놓인 SOD, 카탈라아제, 그리고 글루타티온과산화효소(glutathione peroxidase) 병들은 그냥 지나치는 것이 좋다. 이 화합물들은 확실히 체내에서 생성되기 때문이다. 연구자들의 말에 따르면, 그들은 소화액에 분해되어 아무런 작용도 하지 못한다.

그래도 에임스의 말에 따르면 약속을 지키는 항산화제가 몇 가지 있는데, 미토콘드리아를 직접 보호하는 리포산 같은 것들이다. 우리가 늙으면서 갈수록 산화 손상에 더 취약해지는 것은 아직 우리가 잘 모르는 항산화제들이 감소하기 때문일지도 모른다고 그는 덧붙인다. 만약 그 말이 사실이라면 이런 조건적 영양소들을 추가로 섭취함으로써 노화가 세포에 미치는 영향을 늦출 수 있을지도 모른다. "그냥, 아직은 모른다는 게 사실입니다." 에임스는 말한다.

실상 아직은 모르는 것들이 많다. 세포 노화에서 산화 손상이 차지하는 비중은 얼마나 될까? 그저 항산화제를 잔뜩 늘리는 대신, 신체가 산화제를 만들어내는 속도를 늦출 방법이 있을까? 그리고 실험실의 이런 장수 돌연변이들은 산화 스트레스가 인간에 미치는 영향에 관해 과연 뭔가를 설명해줄 수 있을까? 소할은 과대 선전된 몇몇 연구들 때문에 사람들이 오해할까봐 걱정하고 있다. 예를 들어 생물학자들은 선충에게서 daf-2라는 유전자의 단일 돌연변이들이 산화 스트레스에 저항함으로써 수명을 두 배로 늘릴 수 있다는 연구 결과로 큰 관심을 끌었다. 그러나 소할은 그것이 진정한 수명 연장이 아니라고 주장한다. 왜냐하면 그 늘어난 삶의 기간 동안 선충의 신진대사(에너지 수위)가 곤두박질치기 때문이다. "수명이 3년 더 늘어봤자, 그 3년 동안 잠만 잔다면 무슨 의미가 있을까요." 소할은 그 여분의 시간이 동면과 비슷하다고 덧붙인다. 그것을 바탕으로 하는 치유법은 아마도 사람들이 정상적인 에너지를 잃게 만들 것이다.

가장 기본적인 도전은 노화 그 자체를 이해하는 것이다. 노화란 느리고 미묘한 과정이므로 혈액검사나 세포 연구로 규정하기가 어렵다. 그리고 산화제들은 시야를 더욱 흐리게 만든다. 결국 어디에나 널린 이 분자들은 한 세포의 단백질을 공격할 수도 있고, 아니면 지방이나 DNA를 공격할 수도 있다.

단기적으로 보면, 우선 알츠하이머와 파킨슨병 같은 구체적인 노화 관련 질환들에 산화제가 어떤 역할을 하는지를 밝히는 것이 한 가지 방법이다. 이런 질환들을 겪는 사람들의 뇌에서는 산화 손상의 표지들이 나타난다. 결국 과학자들은 이런 연구들을 통해 노화 과정에서 일어나는 뇌의 기본적 변화들을 이해하는 데 한 발 더 가까이 갈 수 있을 것이다. 어쩌면 희망을 가져도 좋을지 모른다. 켄터키대학교의 연구자들은 늙은 게르빌루스쥐에게 합성 항산화제인 PBN을 고농도로 투여했더니 뇌에서 해로운 산화 단백질이 줄었다는 결과를 처음으로 보고했다. 어쩌면 노화는 치유 가능한 과정일까?

3-3

노화의 자가 처방

일부 사람들은 노화의 치료법을 스스로 처방하고 있다. 쫄쫄 굶어서 칼로리를 떨어뜨리면 신진대사가 크게 저하되어 애초에 형성되는 유리기의 수를 줄일 수 있다는 생각이 그 하나다. 그러나 아마도 그보다 더 반가운 대안은 항산화제가 풍부한 과일과 채소들을 우적우적 씹어 먹는 것이 아닐까. 1999년에 터프츠대학교의 신경과학자 제임스 A. 조지프(James A. Joseph)와 동료들은, 노화된 쥐들에게 시금치나 블루베리나 딸기 추출물을 8주간 먹였더니 뇌세포에서 산화 스트레스가 확실히 저하되는 동시에 기억력과 조정력이 상승했다고 보고했다. 블루베리(인간에게는 하루 한 컵에 해당하는)를 간식으로 먹은 쥐들이 가장 성공적이었다.

그 연구는 또한 노화에 기여하는 과정들에 관해 과학자들이 앞으로 배워야 할 것이 얼마나 많은지를 보여준다. 그 쥐들에게 젊음을 준 것은 단순히 고립된 항산화제들이 아니라, 블루베리에 함유된 성분들의 조합이었다. 조지프는 그 쥐들의 뇌세포를 연구하면서 항산화제가 줄었음을 나타내는 신호들이 거의 없다는 사실을 발견하고 놀라워했다. 그 대신 항염증 활동이 향상된 것에서 세포막이 한층 유연해진 것까지, 다양한 세포 변화들이 발견되었다. 그 모두는 함께 손을 잡고 노화의 변화들에 맞서 싸울 수 있었다. 좀 더 최근에 조지프의 실험실은 블루베리에 함유된 플라보노이드의 역할을 강조해왔다. 플라보노이드는 실제로 기억을 조정하는 뇌 영역의 새로운 세포 성장을 일으키고 신경 신호를 증가시키는 데 도움을 주는 것으로 보이는 화합물이다.

"아무리 보조제를 복용한다 해도 몇백 가지 복합 물질을 함유한 한 가지 과일이나 채소가 주는 이득은 절대 얻을 수 없습니다." 조지프는 말한다. 연구자들은 아직까지 그 화합물들이 어떻게 한데 뭉쳐 유리기들과 맞서 싸우는가를 설명하는 것은 고사하고, 그 화합물들이 어떤 것들인지를 밝히지도 못했다. 답을 알아내려면 몇 년이 걸릴지도 모른다. 그는 기다리는 동안 슈퍼마켓의 청과물 코너에서 시간을 보낼 것을 제안한다. 몇 가지 과일들은 약간의 산화 손상을 보수해줄지도 모르기 때문이다. 그렇지 않더라도 최소한 노화의 물음들이 해결되기를 기다리는 그 시간을 더 달콤하게 만들어줄 수는 있을 것이다.

3-4 블루베리는 뇌의 양식

메리 프란츠 Mary Franz

파랗고 달고 즙이 많으며, 짜증스러운 기억력 감퇴를 막아주는 것이 무엇일까? 블루베리라고? 아마 맞을 것이다. 미국인들은 확실히 이 달콤한 과일에 질릴 줄 모른다. 가장 최근인 2008년 데이터에 따르면, 1인당 블루베리 소비량은 전년도의 9.2온스에서 12.3온스로* 증가해 사상 최고를 기록했다. 대략 표준적인 슈퍼마켓 박스 하나 크기이다. 우리가 블루베리를 더 많이 먹는 것이 블루베리가 우리 몸에 좋기 때문인지 그저 맛있기 때문인지는 생각하기 나름이겠지만, 쇼핑카트에 블루베리를 잔뜩 담아야 할 이유가 지금은 더욱 많아졌다. 블루베리는 우리 뇌를 보호해줄지도 모른다.

*약 350그램.

새로운 연구 결과에 따르면 블루베리에 함유된 플라보노이드라는 화합물들이 추론 기술과 의사 결정, 언어 이해와 수리 능력을 비롯해 기억력 및 학습과 일반적 인지 기능들을 향상할 수 있다. 게다가 성인을 대상으로 식습관과 인지 기능을 비교한 연구들을 보면, 플라보노이드 섭취는 노화에 흔히 따라오는 정신적 기능 쇠퇴를 늦춰주고, 심지어 알츠하이머와 파킨슨병 같은 질병들을 막아줄 가능성이 있다. 연구자들은 한때 플라보노이드들이 신체에서 하듯이 뇌에서도 작용한다고 가정했다. 유리기라는 편재하는 불안정한 분자들이 가하는 손상에서 세포들을 보호해주는 항산화제로서 말이다. 그러나 이제 새로운 연구는 인지능력을 끌어올리는 플라보노이드의 능력이 주로 플라보노이드와, 뇌세포 구조와 기능에 요긴한 단백질들 사이의 상호작용에서 나온다는 것을 보여준다.

현재까지 과학자들은 다양한 형태의 6,000가지 플라보노이드들을 밝혀냈다. 이 화합물은 과일과 채소, 곡물, 코코아, 콩 식품, 차와 포도주에 폭넓게 함유되어 있다. 그러니 맑은 정신을 유지하고 싶다고 해서 반드시 블루베리만 배가 터지도록 먹을 필요는 없다.

잊지 못할 식단

강력한 항산화제인 플라보노이드는 신진대사의 부산물로, 또는 환경오염과 흡연 및 방사능의 영향으로 생성되는 유리기로부터 세포 손상을 막아준다. 따라서 연구자들은 몇십 년 동안 이런 화합물들이 면역 체계의 기능을 끌어올리고, 암 발병을 미뤄주고, 과도한 염증을 억제할 가능성을 연구해왔다. 플라보노이드는 또한 혈류와 혈압을 조절하는 데도 도움을 주는 듯하다.

1990년대 중반 무렵 화학자인 로널드 프라이어(Ronald Prior)와, 지금은 작고한 미국 농무부 농업연구소의 신경과학자 제임스 조지프는 다양한 식품의 항산화력과 질병 저항력을 측정하고 있었다. 그러던 중 조지프가 적당량의 과일과 채소를 먹는 사람들이 과일과 채소를 거의 또는 전혀 섭취하지 않는 사람들에 비해 인지능력 검사들에서 더 뛰어난 결과를 보인다는 것을 알려주는 예비 데이터를 접했다. 관심이 생긴 두 연구자는 항산화제가 풍부한 식단이 뇌 기능을 향상할 수 있다는 가설을 확인하고 싶어졌다.

프라이어와 조지프는 딸기나 시금치 또는 블루베리 추출물이 풍부한 사료를 19개월 된 중년 쥐에게 8주간 먹였는데, 8주는 인간으로 치면 10년에 해당한다. 8주 마지막에 이제는 노화한, 일반적 식단을 섭취한 쥐들은 학습과 운동 기술들에서 상당한 퇴화를 보였다. 운동 기술은 높은 판자 위를 걷고, 장대를 기어오르고, 돌아가는 막대 위에서 균형을 잡고, 미로에서 헤엄쳐 나오는 것 등이었다. 정상적인 정신적 쇠퇴 현상 역시 나타났다. 한편 그와는 대조적으로, 보강 식단을 섭취한 쥐들은 이런 과제들에서 연구 초기보다 더 나은 결과를 보였다(블루베리를 섭취한 쥐들은 다른 쥐들보다 더 향상된 운동 기능을 보였다. 그 쥐들은 판자와 장대에서 균형을 유지하는 시험에서 딸기와 시금치를 먹은 쥐들보다도 더 뛰어난 능력을 보였는데, 그 이유는 아직 밝혀지지 않았다).

이것은 과학자들에게 '아하!' 하는 깨달음의 순간이었다. 과일과 채소가 풍부한 식단의 무언가가 그 동물들이 우월한 능력을 발휘한 원인이었다. 검사에 사용된 식품은 모두 플라보노이드가 풍부했기 때문에, 프라이어와 조지프는 이런 화합물들이 뇌 기능 향상의 원인일지 모른다고 추론했다.

한편 인간을 대상으로 한 연구에서도 플라보노이드가 풍부한 식품을 섭취하면 인지 기능이 향상될 가능성이 드러나고 있었다. 2007년에 발표된 한 연구에서 전염병학자인 프랑스 국립보건의학연구소(INSERM)의 뤽 르테네어(Luc Letenneur)와 동료들은 인지 기능이 건강한 노령 인구 1,640명에게 식단에 관한 설문지를 작성하게 한 후 인지 기능 검사를 실시했다. 그 후 피험자들을 10년간 추적하면서 그 기간 동안 설문지들을 재작성하게 하고 네 차례 검사를 실시했다. 각 검사 기간 동안 연구자들은 운동, 흡연, 비만 등 인지에 영향을 미치는 것으로 알려진 다른 건강 습관들을 통제하면서 각각 다섯 가지 플라보노이드 섭취를 정량화하고, 그 양과 피험자들의 인지 검사 점수의 상관관계를 밝혔다.

연구 초반에 플라보노이드를 가장 많이 섭취한 피험자들은 간단한 계산을 하고, 다양한 범주에 속한 항목들을 떠올리고, 단어와 구절들을 되풀이하고, 시간과 장소를 대는 것 같은 사고 기술 부문에서 가장 뛰어난 실력을 발휘했다. 더욱이 그들이 각 검사에서 보여준 능력은 플라보노이드가 무척 적은 식단을 섭취한 피험자들에 비해 시간이 지나도 안정적으로 유지되는 경향을 보였다. 플라보노이드가 무척 적게 함유된 식단을 섭취한 피험자들은 시간이 흐르면서 사고 능력이 저하하는 경향을 보였다. 이 연구에서 가장 높은 점수를 기록한 사람들은 하루에 플라보노이드 18~37밀리그램을 섭취하고 있었는데, 블루베리 약 15알, 오렌지주스 4분의 1컵, 그리고 두부 반 컵에 해당하는 양이다.

플라보노이드 섭취와 인지능력의 상관관계를 다룬 다른 연구들은 특정한 플라보노이드 식품의 이점을 보여준다. 2009년에 노르웨이 오슬로대학교의 영양학자 에하 눌크(Eha Nurk)가 이끄는 연구팀은 70대 초반의 성인 2,000명에게 식단 관련 설문지를 작성하게 한 후 살면서 겪은 사건들에 관한 기억력, 사물의 이름을 대는 데 걸리는 시간, 그리고 특정한 알파벳 한 글자로 시작하는 단어 대기 같은 정신적 능력을 측정하는 검사를 실시하고 그 결과를 발표했다. (플라보노이드가 특히 풍부한) 포도주, 차, 초콜릿을 정기적으로 섭취한다고 보고한 사람들은 가끔씩만 섭취한 사람들에 비해 이런 인지 검사에서 훨씬 뛰어난 능력을 보였다. 한편 포도주나 차나 초콜릿을 전혀 섭취하지 않은 성인들은 가장 낮은 점수를 기록했다. 포도주를 정기적으로(단 적당량으로) 마신다고 보고한 개인들은 인지 기능 저하 위험이 약 45퍼센트 낮았고, 그들의 점수는 10번째 백분위수 아래에 속했다.* 차나 초콜릿을 섭취한 사람들의 인지능력 저하 위험은 10~20퍼센트 낮았다. 세 가지 모두를 정기적으로 섭취하는 사람들은 형편없는 점수를 얻을 확률이 70퍼센트 줄었다.

*그들보다 낮은 점수를 받은 사람들이 전체의 90퍼센트라는 뜻.

콩, 소나무 껍질, 코코아

최근 몇 년간 연구자들은 플라보노이드 섭취와 인지능력 개선의 연관 관계를 밝히는 것에 더해, 사람들의 식단에 플라보노이드를 더하면 어떤 효과가 나타나는지를 시험해왔다. 생쥐 연구를 인간 연구에 적용한 것이다. 비록 인간의 기본 식단을 통제하는 것은 어려운 일이지만(인간들은 모두 같은 사료를 먹지 않으니까) 식단에 플라보노이드를 더하면 기억과 사고 처리를 비롯한 인지능력이 유지되거나 향상될 가능성이 있다. 2009년에 잉글랜드 레딩대학교의 영양 연구자인 애나 매크레디(Anna MacCready)와 동료들은 피험자들의 식단에 플라보노이드 함유 식품들을 추가함으로써 이 가설을 검증한 15건의 소규모 식단 연구를 분석한 결과를 발표했다. 피험자들은 콩 식품이나 보조제(은행나무 또는 소나무 껍질 추출물), 또는 코코아 함유 음료의 형태로 플라보노이드를 섭취했다.

비록 인지 검사 유형의 비일관성 때문에 연구 결과에 대한 해석이 복잡해지긴 했지만, 저자들은 플라보노이드 섭취 결과로 모든 피험자에게서 언어 이해, 간단한 추론과 의사 결정, 물체 회상, 그리고 숫자 패턴 인지 같은 인지능력 양상들이 개선되었다는 결론을 내렸다. 또한 플라보노이드는 손가락 두드리기 같은 섬세한 운동 기능들도 향상시키는 듯했다. 그런 효과에 필요한 것은 두부 한 컵 반이나 두유 반 컵 분량의 플라보노이드를 매일 섭취하는 것이 전부였다. 은행나무 추출물 120밀리그램(1~2캡슐), 소나무 껍질 추출물 150밀리그램(3캡슐), 또는 코코아 음료에 함유된 플라보노이드 172밀리그램을 섭취하는 것 역시 같은 효과를 발휘했다. 코코아 음료에 함유된 플라보노이드의 양은 약 1.5온스의 다크초콜릿 일곱 조각에 해당한다.

플라보노이드 함유 식품 가운데 우리가 사랑하는 블루베리는 특히 인간 뇌를 강력하게 보호하는 듯하다. 2010년에 발표된 연구에서, 신시내티대학교의 정신의학 연구자 로버트 크리코리언(Robert Krikorian)과 동료들은 경미한 기억력 감퇴를 겪고 있는 75세 이상의 성인 아홉 명에게 기억력 검사를 실시했다. 피험자들은 그 후 12주간 매일 야생 블루베리 주스를 두 컵(블루베리 다섯 컵에 해당)씩 마신 후 단어를 떠올리고 물체들을 짝짓는 검사를 다시 받았다. 블루베리를 마신 피험자들은 블루베리 즙과 비슷하지만 플라보노이드가 없는, 감미료를 탄 음료를 마신 대조군 일곱 명에 비해 평균 30퍼센트 더 뛰어난 능력을 보였다. 비록 표본 크기가 작긴 했지만, 식단에 블루베리를 더하면 적어도 더 나이 든 성인에게서 기억력을 끌어올릴 가능성을 보여준 시도였다고 크리코리언은 자평한다. 또한 정기적인 블루베리 섭취는 노화에 흔히 따라오는 인지 기능 저하를 늦추어줄지도 모른다.

뇌세포의 간식들

플라보노이드는 인지능력에 어떻게 영향을 미칠까? 연구자들은 지난 10년간 플라보노이드 함유 식품을 섭취한 쥐들의 뇌 조직을 검사함으로써 플라보노이드의 일부 군이 혈류에서 뇌로 전달된다는 것을 보여주었다. 일단 뇌에 들어가면 그 화합물은 항산화제 역할을 함으로써 인지능력에 영향을 미칠 수 있지만, 최근에 과학자들은 이 이론에 의문을 제기했다. 데이터를 보면 뇌에 존재하는 플라보노이드의 양은 비타민C 같은 다른 항산화제에 비해 훨씬 적어 보인다. 따라서 플라보노이드 말고 다른 화합물들이 거기서 유리기를 잔뜩 잡아먹고 있을 가능성이 있다. 그 대신 과학자들은 플라보노이드들이 다른 방식으로 신경세포의 화학 구성을 바꾼다는 것을 발견했다.

조지프와 그의 동료들은 일찍이 블루베리가 풍부한 사료를 8주 동안 먹어온 4개월짜리 어린 생쥐들이 일반적인 사료를 먹은 쥐들에 비해 뇌세포에 키나아제(kinase)라고 불리는 효소들의 수치가 더 높다는 사실을 발견했다. 과학자들은 비록 플라보노이드들이 키나아제 생산을 어떻게 끌어올리는지 모르지만, 많은 종류의 키나아제들이 학습과 기억에 필수적이다. 따라서 추가적인 효소는 인지능력을 끌어올리는 데 도움을 줄 수 있다.

좀 더 최근에 레딩대학교의 영양 생화학자 제레미 스펜서(Jeremy Spencer)는 플라보노이드들이 사고 능력에 핵심적인 단백질들의 행동에 영향을 미치는 방식들을 개략적으로 제시했다. 예를 들어 플라보노이드들은 포스파타아제(phosphatase)라는 효소와 키나아제의 활동을 조절하는 데 관여할 가능성이 있다. 이 효소들의 올바른 균형은 시냅스, 즉 신경세포들 간 접합을 유지하고, 따라서 뇌세포의 정상적 활동 패턴들을 유지하는 데 핵심적이다.

콩 이소플라본은 어쩌면 저농도의 에스트로겐처럼 행동함으로써 기억력을 향상할 가능성이 있다. 즉 신경세포의 에스트로겐 수용체에 들러붙어 그것을 자극하는 것이다. 이런 수용체들을 자극하면 기억 관련 구조인 해마의 신경세포 모양과 화학 모두에 변화가 일어난다고 알려져 있다. 해마의 기능은 나이가 들수록 약화될 가능성이 매우 높다. 이런 변화들은 어쩌면 신경세포들 사이의 소통을 가능케 하고, 그리하여 기억력을 향상할지 모른다. 일부 플라보노이드들은 해마에서 새로운 신경세포들의 성장을 자극할 가능성까지도 있다.

플라보노이드들은 심지어 신경세포들의 손상과 죽음을 막아주고, 그럼으로써 알츠하이머와 파킨슨병 같은 신경 퇴행성 질병들에 저항할 가능성도 있다. 동물 실험과 세포 배양으로 얻은 데이터를 보면, 글루탐산(glutamate, 고농도일 때 신경세포에 영향을 미치는 신경전달물질) 같은 신경독의 영향을 개선하는 효과도 기대할 만하다. 플라보노이드는 그런 독소들이 신경세포 수용체에 들러붙는 것을 방지하는 듯하다. 또한 신경세포 파괴에 관여하며, 신경 퇴행성 장애들에서 높은 수치를 보이는 듯한 세크레타아제(secretase)라는 효소의 활동을 억제할지도 모른다.

어쩌면 미래에는 기능적자기공명영상(functional magnetic resonance image, fMRI) 같은 기술들을 이용해 플라보노이드 섭취가 실시간으로 뇌 활동을 바꾸는 장면을 목격할 수 있을지도 모른다. 예를 들어 2006년에 발표된 한 연구에서 연구자들은 플라보노이드가 풍부한 코코아 음료를 섭취한 피험자들에게 글자와 숫자를 짝짓는 과제를 주고, 그동안 fMRI로 피험자들의 증가된 뇌 혈류를 탐지했다. 그런 연구들은 인지 저하를 되돌리거나 방지하기 위한 식단을 개발하는 데 도움이 될지도 모른다.

과학은 어떤 플라보노이드 함유 식품이 학습과 기억 능력을 증진할 잠재력이 가장 큰지 아직 밝히지 못했다. 하지만 플라보노이드가 풍부한 식품들을 먹는 편이 아마도 보충제를 섭취하는 것보다는 더 나을 것이다. 보충제는 가공 과정에서 실제 플라보노이드 내용물이 파괴되거나 줄어들기 쉽다. 그리고 온전한 과일과 채소에는 뇌에 가장 이로운 이 화합물들이 원래의 양과 조합을 유지한 채로 들어 있을 가능성이 높다. 매일 과일 두 컵과 채소 두 컵 반 섭취를 권장하는 미국 농무부 식단 지침을 따르면 이처럼 건강에 이로운 화합물들을 다양하게 섭취할 수 있다. 누가 알겠는가, 그런 권고가 여러분이 차 열쇠를 어디에 두었는지를 기억하는 데 정말 도움이 될지.

4

칼로리 절감 : 감소가 증가를 뜻할까?

4-1 칼로리 절감이 생명 연장으로 이어지지 않을 수도 있다

게리 스틱스 Gary Stix

노화 연구자인 토머스 커크우드는 최근 회의실을 가득 채운 과학자들 앞에서, 칼로리 섭취를 10~40퍼센트 줄이면 수명을 늘릴 수 있을까 하는 질문을 던졌다. 생쥐와 선충에게서는 그런 현상이 확인된 바 있다. 참석한 과학자들의 대다수는 그렇다는 뜻으로 손을 들었다. 칼로리 절감이 수명을 늘려준다는 것은 과학자들과 일반 대중 사이에서 일종의 통념으로 받아들여져왔다. 심지어 복잡한 과학적 증거가 드러나기 전에도 100세나 110세까지 살겠다는 희망을 품고 남은 평생 달콤한 디저트를 포기한 사람들이 있다.

한편 《네이처》에 발표된 국립노화연구소의 연구는 20년 동안 칼로리가 30퍼센트 제한된 식단을 섭취한 레서스원숭이* 집단이 일반 식단을 섭취한 통제군에 비해 수명이 늘지 않았음을 보여준다. "그 결과는 아마 칼로리 제한 반응이라는 것이 원숭이에게, 그리고 암묵적으로 인간에게도 존재한다면, 그것은 오로지 가장 제한된 조건에서만 일어난다는 뜻으로 해석해야 한다고 봅니다." 텍사스대학교 샌안토니오캠퍼스의 건강과학연구소에 있는 스티븐 N. 오스태드(Steven N. Austad) 교수는 말한다. 그는 《네이처》에 그 연구의 해설을 썼다.

*히말라야원숭이 또는 붉은털원숭이라고도 한다.

위스콘신대학교에서 그와 비슷하게 원숭이를 대상으로 식단을 제한하는 연구가 이루어졌고 약간의 수명 연장 효과가 확인되긴 했지만, 오스태드는 《네이처》에 실린 해설에서 그 결과가 먹이 주는 방식과 관련된 것이 아닌가 하는 의문을 제기한다. 이 경우에 제한된 식단을 섭취하지 않은 원숭이들은 원하는 만큼 많이 먹을 수 있었기 때문에 국립노화연구소의 대조군 원숭이들보다 체중이 더 나갔고, 아마도 덜 건강했으며, 수명이 더 짧았다.

위스콘신의 연구 결과를 분석하는 과정에서 노화와 무관하게 죽은 원숭이들을 배제한 것이 어쩌면 그 결과를 더 강화하지 않았는가 하는 의문도 제기되었다. "둘 다 인상적인 연구들이고, 저는 양쪽 연구팀을 더없이 존경합니다." 커크우드는 말한다. "저는 앞서 위스콘신의 연구 결과들이 개입의 효과가 있음을 보여주고 싶은 열망을 드러냈다고 생각합니다. 그토록 많은 시간과 자원이 투자된 연구이니 충분히 이해할 만하죠. 종합해보면 그 연구들은 설치류가 장수하는 영장류와는 다르다고 생각할 만한 상당한 이유를 제시합니다. 하지만 그게 뭐 놀라운 사실은 아니죠."

그렇다고 당장에 맥도날드의 주식을 사러 달려갈 필요는 없다. 국립노화연구소의 연구에서 제한된 식단을 섭취한 노령 원숭이들은 실제로 더 살찐 원숭이들보다 혈중 포도당과 혈액 지질 검사 결과에서 더 건강했다. 그러나 그 연구는 과학자들이, 그리고 활황인 식이보조제 업계(칼로리 제한 효과를 재현한다고 하는 레스베라트롤을 비롯한 보충제들을 행상하는)가 생각하기에 금세 내분비학과 노인학의 교리로 자리 잡아가던 이론, 즉 칼로리를 크게 줄이면 장수할 확률이 높아진다는 생각을 부정했다. 오스태드는 말한다. "야생 레서스원숭이가 대략 건강한 신체 체중이라고 가정할 때[야생 원숭이들은 양쪽 연구의 원숭이들보다 몸무게가 덜 나간다], 《네이처》의 연구는 과체중 원숭이의 식사량을 줄여 야생 원숭이의 체중에 가깝게 만들면 건강에 관련된 몇 가지 수치가 개선되지만 수명은 늘지 않는다는 결과를 보여줍니다."

오스태드는 이렇게 덧붙인다. "이들[연구들]이 한 일은 일부 사람들이 스스로 실험하고 있는 것, 즉 정상 체중인 사람들이 설치류처럼 수명이 확 늘어날 거라는 희망을 품고 기력이 쇠할 지경까지 식사량을 줄이는 것과는 전혀 다릅니다."

국립노화연구소의 신경과학자 마크 매트슨(Mark Mattson)은 25년 동안 칼로리 제한을 실천해왔는데, 2010년에 설치류의 칼로리를 제한한 여러 연구들에서 그 동물들이 상대적 장수를 누린 것은 대조군이 '카우치 포테이토' 급이었기 때문임을 깨닫고 식단을 바꾸었다. 그 동물들은 위스콘신 실험의 대조군처럼 무제한으로 먹을 수 있었다. 텔레비전 게임을 보면서 감자 칩을 퍼먹는 사람들과 비슷했다.

매트슨은 일주일에 며칠 동안 금식하고 나머지는 정상적으로 먹는 연구를 지속했다. 수명과는 연관이 없다 해도, 알츠하이머나 파킨슨병 같은 만성질환들에서 관찰되는 비정상 단백질의 축적을 방지하는 효과를 확인하는 것이 목적이었다. 매트슨 자신은 이제 간헐적으로 금식하는 식단을 따르고 있다.

국립노화연구소의 연구 결과를 부정하려는 움직임은 이미 시작되었다. 수많은 주요 연구자들이 칼로리 제한에 관련된 연구에 몰두하고 있고, 앞으로도 그럴 것 같다. “저는 그게 워낙 장기적인 실험이어서, 결코 복제할 수 없으리라는 사실이 안타깝습니다.” 국립노화연구소 연구에 참여한 워싱턴대학교의 맷 캐벌린(Matt Kaeberlein)은 말한다. “그건 정말이지 단일한 데이터 조각이어서 해석될 수 없고, 아마 앞으로도 결코 해석될 수 없을 겁니다. 수명이 짧은 모델 동물을 대상으로 연구하는 우리는 칼로리 제한이 중앙생존기간이나 최대생존기간을* 연장하지 않는 수명 실험이 어쩌다 한 번씩 일어난다는 것을 아주 잘 압니다. 차이점은 우리가 그 실험을 몇십 번 반복해왔다는 겁니다.”

*중앙생존기간은 조사 환자군 100명을 생존 기간별로 나열했을 때 중간 순서인 50번째 환자의 생존 기간, 최대생존기간은 연구에서 가장 오래 산 개체의 생존 기간.

영장류를 대상으로 한 더욱 많은 칼로리 연구들이 진행 중이지만, 식단 제한에 관한 가정 중 일부는 확실히 흔들렸다. 이 새로운 연구가 낳을 새로운 회의론의 한 가지 이점은 그 분야를 므두셀라 같은 장수를 얻는 수단으로 보려는 유혹에서 벗어나, 죽는 그 순간까지 최대의 건강을 누리고 만성질환을 피하는 방법에 다시금 초점을 맞추어 노화학의 방향을 재정립하는 것이다.

여러분이 유용하게 써먹을 수 있는 소식이 있다. 운동을 하고 건강 체중을 유지하라는 것이다. 국립노화연구소에서 전하는 이 말에 심오한 것은 전혀 없다. 그 점에서는 여러분 어머니가 아마도 과학자들보다 한 수 위일 것이다.

4-2 과식이 치매를 부른다?

래리 그리너마이어 Larry Greenemeier

과식은 수많은 건강 문제들, 이를테면 당뇨, 고혈압, 뇌졸중 등의 원인으로 지목을 받아왔다. 메이오클리닉에서 실행한 노화 관련 연구의 예비 발견들에 따르면 언젠가는 기억력 감퇴와 치매, 심지어 알츠하이머도 그 목록에 들어갈지 모른다.

메이오 연구자들은 노년층의 칼로리 섭취와 경도인지장애(MCI)의 연관 관계를 다루는 자신들의 현재 연구에 지나친 의미를 부여하는 것을 경계한다. 그래도 뉴올리언스에서 열린 미국신경학회의 64회 회동에서 제시된 한 보고서는 노년기에 과식을 하면 기억력 손실이 엄청나게 높아질 위험성을 보여주었다.

2006년에 메이오클리닉은 미네소타 주 옴스테드 카운티에 사는 70~89세 노인 1,233명을 무작위 표본으로 선정해(이전에 치매 판정을 받은 사람은 아무도 없었다) 지난 한 해에 관련된 설문지를 작성하도록 했다. 참가자들이 로체스터의 클리닉에 설문지를 반환한 후, 연구자들은 참가자들을 세 범주로 나누었다. 매일 칼로리 섭취를 기준으로 600~1,526칼로리 그룹, 1,526~2,143칼로리 그룹, 그리고 2,143~6,000칼로리 그룹이었다. 각 참가자는 그 후 일련의 MRI 뇌 스캔과 인지 검사들을 받았다.

칼로리 섭취와 검사 수행 결과를 종합한 연구자들은 칼로리 섭취가 가장 높은 그룹의 MCI 발생 확률이 칼로리 섭취가 가장 낮은 그룹과 비교했을 때 두 배 이상으로 상승한다는 결론을 내렸다. 그러나 거기에는 몇 가지 주의해야 할 점이 있다. 예를 들어 그 보고서는 섭취된 음식 유형과 음료를 고려하지 않았고, 하루 종일 어떤 속도로 음식이 섭취되는지도 검사하지 않았다.

연구 저자인 요나스 제다(Yonas Geda)는 MCI와 노년의 섭식 사이의 관계를 더 잘 이해하기 위한 연구가 아직 초기 단계임을 인정하지만, 그 연구가 현재 자신이 동료들과 함께 계획 중인 한층 확장적인 인과관계 연구를 위한 초석이 될 것이라고 말한다.

《사이언티픽 아메리칸》은 애리조나 주 스코츠데일에 있는 메이오클리닉의 신경학 및 정신의학과 조교수이자 그곳 신경과학 학제 기반 그룹의 공동 의장으로 있는 제다를 만나, 노인에게서 기억 손실의 원인을 밝히려는 노력과, 현재 진행 중인 연구에서 무엇을 조사할 계획인지에 관한 이야기를 나누어보았다.

아래는 인터뷰의 편집본이다.

ㅇ 경도인지장애란 무엇입니까?

- 경도인지장애는 치매가 아닙니다. 환자는 제대로 기능하지만, 몇 가지 기억력 검사를 해보면 동일한 교육 수준의 동성 또래에 비해 떨어집니다. 우리는 매일 칼로리 섭취가 2,143칼로리를 넘을 경우 경도인지장애를 겪을 확률이 상당히 높아진다는 사실을 발견했습니다. 제가 하루에 2,143칼로리

이상 섭취하고 있다면 경도인지장애를 겪을 확률은 하루 1,526칼로리를 섭취하는 사람의 두 배가 됩니다.

○ 연구에서는 어떻게 경도인지장애를 검사하셨나요?

- 참가자들이 설문지를 돌려주러 메이오클리닉에 왔을 때 세 시간에 걸친 검사를 실시했고, 그것을 기반으로 판단했습니다. 검사는 기억력, 언어, 그리고 방향 감각 테스트를 포함했습니다.

○ 기억력은 어떻게 검사되었습니까?

- 참가자들에게 단어 15개를 암기하게 하고 일정 시간이 지난 후 얼마나 많은 단어를 기억하는지 확인했습니다. 정상적인 사람은 처음 물어봤을 때 15개 중 7개를 기억하고, 두 번째에는 10개 정도, 그리고 그다음에는 13개 정도를 기억합니다. 30분 후에는 15개 단어 중에서 12개 정도를 기억할 수도 있습니다. 만약 알츠하이머 환자에게 15개 단어를 주고 기억하라고 하면 처음 2개만 기억할 겁니다. 반 시간 후에는 하나도 기억 못 하죠.

○ 검사 결과 경도인지장애를 겪고 있는 참가자들이 있었습니까?

- 네, 그 연구에서 163명의 참가자가 경도인지장애 진단을 받았습니다. 그래서 그 참가자들을 두 집단으로 나누었습니다. 경도인지장애를 가진 163명과, 검사 결과가 정상적인 1,070명으로요. 그 후 두 집단 사이의 칼로리 섭

취를 비교했더니, 정상군에 비해 경도인지장애군의 칼로리 섭취가 더 높았습니다. 따라서 칼로리 섭취가 더 높을수록 경도인지장애에 걸릴 확률도 더 높아지는 거죠.

ㅇ 박사님과 동료 분들은 그 설문지와 뇌 스캔과 인지능력 검사 결과를 분석하면서 스스로에게 어떤 질문을 하셨나요?

- 기본적으로 '작용 기전이 뭐지?', '더 높은 칼로리가 어떻게 인지 장애로 이어지지?' 하는 것들이었습니다. 아직은 알 수 없지만, 이 분야를 다룬 다른 연구자들이 있습니다. 볼티모어에 있는 국립노화연구소 노인학연구센터 신경과학실험실의 마크 매트슨이 2000년에 아주 솔깃한 제목의 연구를 발표했습니다. '내 음식을 가져가고 나를 달리게 해주오'라는 제목이었지요. 과도한 칼로리 섭취가 세포 내의 산화 스트레스로 이어져서 손상을 유발할 수 있다는 뜻입니다. 다른 한편 동물 연구 결과로 미루어 보아, 칼로리를 30퍼센트 감량하면 뇌의 신경세포에서 기능 장애와 사망에 대한 저항력을 높여주는 신경 보호 인자들이 자극되는 듯합니다.

ㅇ 교수님의 연구에 영향을 미친 다른 연구가 있나요?

- 2009년에 원숭이에게 칼로리를 제한했더니 사망률이 떨어지고 인지 기능이 향상되었다는 연구 결과를 읽고 호기심이 생겼습니다. 그 연구자들은 위스콘신국립영장류연구소 소속이었습니다. 2009년 이전에 원숭이와 설

치류와 선충들을 상대로 한 비슷한 다른 연구들이 많았습니다. 우리 연구는 또한 '성격과 평생 건강(personality and total health, PATH) 프로젝트'를 수행하는 오스트레일리아국립대학교의 연구팀과도 일맥상통합니다.[2011년 9월 《미국노인정신의학저널》에 실린 한 논문에서, PATH 연구자들은 과도한 칼로리 섭취와 높은 단불포화 지방이 경도인지장애의 예측 변수였음을 밝혔다.]

ㅇ 앞으로 칼로리 섭취와 기억 손실에 관한 연구를 하실 계획이 있나요?

- 우리는 이 연구에 신체적 운동을 포함하지 않았습니다. 저는 탄수화물과 단백질 같은 다량영양소(macronutrients)와 더불어 그것을 감안해야 한다고 생각합니다. 유관한 요인들을 파악하기 위해서요. 이번에 우리는 환자들이 섭취한 양을 고려했지만 섭취한 내용은 고려하지 않았습니다.

ㅇ 환자들이 섭취한 내용은 제외하고 섭취한 양에 관한 데이터만 포함하신 이유가 있나요?

- 우리는 환자들이 섭취한 내용에 관한 데이터가 있지만, 이 분석을 위해서는 총 칼로리만 보았습니다. 그 부분을 먼저 확인하고 싶었거든요. 연구를 계속하려면 신호가 필요하니까요. 그 설문지 데이터에서는 아주 다양한 차원들을 파악할 수 있습니다.

  사람들은 아직 우리 결과들을 너무 확장하지 않도록 매우 주의해야 합니다. 분명히 말해서, 이 세 범주를 보고 그냥 "음, 내가 1,500칼로리 이하로 먹으면 경도인지장애를 피할 수 있다는 말이로군" 하고 생각하면 안 됩니다. 그건 잘못된 결론입니다. 그 대신 의사들의 모든 식단 권고 사항을 지키면서 너무 많은 칼로리를 섭취하지 않도록 해야 합니다. 그렇지 않으면 심장은 물론이고 뇌에도 해로울 수 있습니다. 건강한 생활 습관에 관한 기존의 모든 지식에 그 생각을 조심스럽게 합쳐야 합니다. 분명히 말씀드리지만, 우리는 굶주림이나 영양실조를 권하고 있지 않습니다.

4-3 장수 유전자의 수수께끼를 풀어라

데이비드 싱클레어 David A. Sinclair · 레니 과렌테 Lenny Guarente

중고차라면 주행거리와 연식만 보고도 상태를 어느 정도 파악할 수 있다. 많은 주행과 시간 경과에 따른 마모는 그 대가가 있을 수밖에 없다. 사람들의 노화에서도 상황은 역시 비슷할 것 같지만, 무생물인 기계와 살아 있는 생물 사이에는 그런 유추를 무의미하게 만드는 중요한 차이가 있다. 생물계에서 쇠퇴는 멈출 수 없는 것이 아니다. 생물은 가진 에너지를 이용해 환경에 맞서 스스로를 보호하고 수리할 수 있다.

과학자들은 예전에 노화가 그저 쇠퇴가 아니라 유기체의 유전자에 지정된, 지속적이고 적극적인 발달 상태라고 믿었다. 성숙기에 이르면 '노화 유전자'가 그 개체를 무덤으로 인도한다는 생각이다. 그러나 이 생각은 그간 신뢰를 잃었고, 이제 노화는 사실 신체의 정상적 유지와 보수 기전이 시간이 지나면서 닳아 해지는, 기우는 과정이라는 생각이 통용되고 있다. 진화의 자연선택이 유기체를 생식 가능 연령이 지난 뒤에도 계속 작동하도록 유지해줄 이유가 전혀 없다는 생각이다.

그렇지만 우리를 비롯한 연구자들은 유기체가 과도한 열에 노출되거나 식량이나 물이 부족한, 스트레스가 심한 환경에서 버티게 해주는 유전자들이 나이와 상관없이 자연적 방어와 보수 활동을 굳건히 유지해줄 힘을 가졌음을 발견했다. 이런 유전자들은 생존을 위한 신체 기능을 극대화함으로써 그 개체가 위기에서 살아남을 가능성을 최대로 높인다. 그리고 그런 유전자들은 충분히 오래 활성 상태를 유지할 경우 그 유기체의 건강을 극적으로 증진하고 수명을 늘린다. 본질적으로 그들은 노화 유전자의 반대 항, 즉 장수 유전자다.

우리는 진화가 환경 스트레스에 맞서는 이 잘 알려진 반응에 발맞추기 위해 보편적인 통제 시스템을 발달시켰으리라고 상정하고, 그것을 연구하기 시작했다. 만약 그 최종 관리자 역할을 하고, 따라서 한 유기체의 수명을 최종적으로 결정하는 역할을 하는 하나 또는 다수의 유전자를 밝혀낼 수 있다면, 이런 자연 방어 기전을 이제 인간 노화와 동의어가 되어버린 질병과 쇠퇴에 맞서는 무기로 바꿔놓을 수 있으리라.

최근 실험실 유기체들의 스트레스 저항력과 수명에 영향을 미치는 다수의 유전자들이 발견되었는데, 이들은 daf-2, pit-1, amp-1, clk-1, p66Shc처럼 암호 같은 이름들이 붙었다. 이 유전자들은 역경을 딛고 살아남기 위한 한 근본적 기전의 일부로 보인다. 그렇지만 우리가 몸담고 있는 두 실험실은 효모에서 인간까지, 지금껏 연구된 모든 유기체에 존재하는 유전자의 변종인 SIR2에 초점을 맞추었다. 이 유전자를 가진 효모, 선충, 초파리 등 다양한 생물들은 수명 연장 효과를 누렸고, 우리는 이것이 생쥐처럼 더 큰 동물에게도 동일한지를 알아내기 위해 연구 중이다.

침묵은 금이다

우리는 제빵용 효모 세포 개체들을 늙게 만드는 것이 무엇인가, 이 단순한 유기체에서 과연 노화를 통제하는 한 단일한 유전자가 있는가 하는 궁금증을 계기로 SIR2가 장수 유전자임을 처음 발견하게 되었다. 효모의 수명을 이해하는 것이 인간의 수명을 이해하는 데 도움이 되리라는 생각을 터무니없다고 여긴 사람들이 많았다. 효모의 나이는 모세포가 죽기 전까지 딸세포를 낳기 위해 분열하는 횟수로 측정된다. 보통 효모 세포의 수명은 약 20회이다.

과렌테는 장수를 담당하는 유전자들을 찾기 위해 우선 효모 군집에서 드물게 긴 수명을 가진 세포들을 걸러냈다. 그리하여 SIR4라는 돌연변이 유전자를 발견했는데, 그것은 Sir2 효소를 함유하는 단백질 복합체의 일부를 만든다. SIR4에서 일어난 돌연변이는 Sir2 단백질이 효모 게놈에서 가장 많이 반복되는 영역, 즉 세포의 단백질 공장인 리보솜DNA(rDNA)를 만드는 유전자들을 함유한 부분에 모이게 만든다. 일반적인 효모 세포의 게놈에는 이들 rDNA 반복 형태가 100개 이상 존재하는데, 그들은 안정적인 상태로 유지하기가 쉽지 않다. 반복적인 서열들은 서로 '재조합'하려는 경향을 보이는데, 그 경향은 인간에게서 암과 헌팅턴병을* 비롯한 수많은 질병을 유발할 가능성이 높다. 효모 연구의 결과들은 모세포의 노화가 어느 정도 Sir 단백질들에 의한 rDNA의 불안정성에서 야기된다고 짐작케 했다.

*뇌의 신경세포가 퇴화되면서 발생하는 선천성 중추신경계 질병으로, 무도증이나 치매의 증상을 나타낸다.

사실 우리는 놀라운 종류의 rDNA 불안정성을 발견했다. 모세포는 몇 차례 분열한 후 rDNA 몇 개를 추가로 만드는데, 그것은 게놈에서 튀어나온 둥근 고리가 된다. 이들 염색체외rDNA고리들(extrachromosomal rDNA circles,

ERCs)은 세포분열 전에 모세포의 염색체들과 함께 복제되지만, 그 후 모세포의 핵 속에 남는다. 따라서 모세포에는 고리들이 갈수록 더 축적되고, 그것은 결국 모세포의 종말을 부른다. 아마도 ERCs를 복제하느라 너무 많은 자원을 소모해서 더는 자신의 게놈을 복제할 수 없게 된 탓이리라.

그러나 SIR2 유전자 하나를 효모에 더하면 rDNA고리들의 형성이 억제되어 세포의 수명이 30퍼센트 연장된다. 그것은 SIR2가 어떻게 효모의 장수 유전자 노릇을 할 수 있는지를 설명해주었지만, 곧 우리는 놀랍게도 선충에 SIR2 유전자를 추가하자 역시 수명이 최고 50퍼센트나 연장되었음을 발견했다. 진화사적으로 서로 멀찍이 떨어진 유기체들에게서 이런 공통점이 발견되었다는 사실도 놀라웠지만, 다 자란 선충의 몸이 분열하지 않는 세포만을 가지고 있다는 사실 역시 놀라웠다. 따라서 효모의 그 복제 노화는 선충에게 적용될 수 없었다. 우리는 SIR 유전자가 정확히 무슨 일을 하는지 알고 싶어졌다.

그리고 우리는 그 유전자가 완전히 새로운 활동을 하는 한 효소를 만든다는 것을 곧 밝혀냈다. 세포 DNA는 히스톤(histone)이라는 포장 단백질들에 싸여 있다. 이들은 아세틸기(acetyl group) 같은 화학적 꼬리표를 달고 있는데, 그것은 히스톤이 DNA를 감싸는 강도를 결정한다. 히스톤에서 아세틸기들을 제거하면 포장은 더욱 밀착되어, DNA로 하여금 염색체에서 rDNA고리를 튀어나오게 만드는 효소들에 접근하지 못하게 만든다. 이 아세틸이 제거된 DNA 상태는 '침묵'으로 표현되는데, 왜냐하면 게놈에서 이런 영역에 있는 유전자들에게는 활성화를 위한 접근이 불가능해지기 때문이다.

Sir 단백질들은 이미 유전자 침묵에 관여한다고 알려져 있다. 실제로 SIR은 '조용한 정보 조절자(silent information regulator)'의 약자이다. Sir2는 히스톤에서 아세틸 꼬리표를 제거하는 몇 가지 효소 중 하나인데, 그 효소 활동은 NAD라는* 흔한 작은 분자를 반드시 요구한다는 점에서 독특하다. NAD는 오래전부터 세포에서 많은 대사 과정의 경로로 알려져왔다. Sir2와 NAD 사이의 이 관계가 흥분을 불러일으키는 이유는 Sir2의 활동과 신진대사의 상관관계, 나아가 칼로리 제한에서 나타나는 식단과 노화의 상관관계를 알려주는 실마리가 될 수 있기 때문이다.

*산화 환원 효소의 보조 효소.

칼로리 커넥션

동물의 칼로리 섭취를 제한하는 것은 수명을 늘리기 위한 개입 중 가장 유명한 방법이다. 75년도 더 전에 발견된 그 방법은 아직도 예외 없이 작용하는 것으로 입증된 유일한 방식이다. 칼로리 제한 요법의 전형은 한 개체의 음식 섭취를 그 종의 일상적인 섭취량보다 30~40퍼센트 절감하는 것이다. 쥐, 생쥐, 개와 영장류에까지 이르는 다양한 동물들은 이 식단을 유지함으로써 단순히 더 오래 살기만 한 것이 아니라 늘어난 삶의 기간을 훨씬 건강하게 보낸다. 암을 비롯한 대다수 질병도 예방된다. 그런 유기체들은 마치 생명력을 가득 채운 것처럼 보인다. 그에 비해 치러야 할 명백한 대가는 일부 생물의 경우 번식력을 잃는다는 것뿐이다.

칼로리 제한의 작용 기전을 이해하고 그 건강상의 이득을 재현하는 약물을 개발하는 것은 몇십 년 동안 유혹적인 목표였다. 그 기전은 오래전부터 신진대사(연료 분자들에서 세포의 에너지를 생산하는 것)를 느리게 하고, 음식에 대한 반응을 줄이며, 부산물에서 나오는 독소를 줄이는 단순한 것으로 여겨져왔다.

하지만 이 시각은 이제 옳지 않아 보인다. 칼로리 제한은 포유동물에게서 신진대사를 느리게 만들지 않았고, 효모와 선충은 오히려 신진대사 속도가 빨라지고 변화했다. 따라서 우리는 칼로리 제한이 자연적 음식 부족과 동일한 생물학적 스트레스 요인으로, 방어 반응을 포함하여 그 유기체의 생존을 위한 능력을 끌어올려준다고 믿는다. 포유류에게서는 그 영향이 분자 방어, 수리, 에너지 생산, 그리고 아포토시스라고 알려진 예정된 세포 죽음의 활성화 같은 변화로 나타난다. 우리는 Sir2의 어떤 부분이 그런 변화에 작용하는지 몹시 알고 싶어서, 먼저 단순한 유기체의 칼로리를 제한함으로써 그 역할을 살펴보았다.

효모의 경우 식단을 제한하면 세포에서 Sir2 효소를 증가시키는 두 경로에 영향을 미친다는 사실이 발견되었다. 첫째로 칼로리 제한은 PNC1이라는 유전자를 발현하는데, 그 유전자는 비타민B3와 비슷하면서 보통은 Sir2를 억제하는 작은 분자인 니코틴아미드(nicotinamide)를 세포에서 제거하는 효소를 생산한다. PNC1은 또한 효모의 수명을 연장한다고 알려진, 온도 상승이나 과도한 염분 같은 약한 스트레스 요인들로부터 자극을 받는데, 그것은 칼로리 제한이 생존 반응을 활성화하는 스트레스 요인이라는 생각과 들어맞는다.

효모 실험에서 칼로리 제한이 촉발한 둘째 경로는 호흡으로, 부산물인

NAD를 만들면서 그동안 그 반대 항인 NADH의 수치를 낮추는 에너지 생산 양식이다. 알고 보니 NAD가 Sir2를 활성화할 뿐만 아니라, NADH가 그 효소의 억제제로, 세포의 NAD/NADH 비율을 Sir2의 활동에 영향을 미칠 정도로 심오하게 바꾸어놓는다는 사실이 밝혀졌다.

수명을 연장하는 생물학적 스트레스가 Sir2 활동을 증가시킨다는 것을 보았으니, 이제는 Sir2가 장수의 필수 요인인가를 물어야 할 차례다. 답은 분명히 '그렇다'일 것 같다. Sir2가 이 과정에 핵심적인지를 검증하는 한 가지 방법은 Sir2를 제거하여 그 효과를 확인하는 것이다. 초파리처럼 복잡한 유기체에서도 칼로리 제한은 SIR2의 수명 연장 효과를 낳는다. 그리고 다 자란 초파리의 신체는 포유류 기관과 유사한 수많은 조직들을 가졌으므로, 우리는 포유동물들에게서 칼로리를 제한할 경우에도 SIR2가 필요해질 것이라고 생각한다.

그렇지만 만약 인간이 칼로리 제한의 건강상 이점들을 누리려 한다면, 강도 높은 다이어트는 합리적 선택이 아니다. Sir2와 그 형제들(집합적으로 시르투인Sirtuin으로 불리는)의 활동을 비슷한 방식으로 조절할 수 있는 약물이 필요할 것이다. 바로 그런 시르투인활성화화합물(Sirtuin-activating compound, STAC) 중 레스베라트롤은 대단히 흥미로운 물질이다. 적포도주에 함유된 레스베라트롤은 다양한 식물들이 스트레스 상황에서 제조하는 작은 분자다. 적어도 스트레스에 반응해 다양한 식물들이 생산하는 18가지 다른 화합물들 또한 시르투인을 만든다는 사실이 확인되었다. 식물들은 그런 분자들을 이용해 자신의 Sir2 효소를 스스로 통제하는 듯하다.

효모나 선충이나 파리에게 레스베라트롤을 먹이거나 칼로리 제한 식단을 실천하면 수명을 30퍼센트가량 늘릴 수 있지만, 그것은 그들이 SIR2 유전자를 가지고 있을 경우에 한해서다. 게다가 Sir2를 과생산하는 한 파리의 이미 늘어난 수명은 레스베라트롤이나 칼로리 절감을 통해 더 늘릴 수 없다. 가장 단순한 개입은 칼로리 절감과 레스베라트롤 각각이 Sir2를 활성화함으로써 초파리들의 삶을 늘려주는 것이다.

레스베라트롤을 먹인 파리들은 단순히 더 오래 사는 것만이 아니었다. 먹고 싶은 만큼 먹으면서도 오래 살았고, 따라서 칼로리 절감이 이따금씩 가져오는 부작용인 생식력 감소를 겪지 않았다. 이것은 Sir2에 초점을 맞추고 분자 수준에서 인간 질병을 치유하려는 희망을 품고 있는 우리에게는 반가운 소식이다. 하지만 그 전에 먼저 포유류에게서 Sir2가 하는 역할을 더 잘 이해할 필요가 있다.

밴드의 우두머리

효모의 SIR2 유전자에 해당하는 포유류의 유전자는 SIRT1('SIR2 상동 유전자 1')이다. Sirt1은 Sir2와 동일하게 효소로서 활동하지만, 세포핵 안과 세포질 밖에서 더 다양한 단백질들의 아세틸을 제거하는 역할도 맡고 있는 Sir1 단백질을 만들기도 한다. Sir1이 표적으로 삼는 이들 단백질 중 몇 가지는 정체가 밝혀졌는데, 아포토시스와 세포 방어 및 신진대사를 포함해 핵심적 과정들을 통제하는 단백질들이다. 따라서 Sir2 유전자 계통의 잠재적인 수명 연장 효과는 포유동물들에게서도 동일할 듯하다. 그렇지만 더 크고 더 복잡한 유기체에서는 시르투인이 효과를 달성하는 경로 역시 당연히 더 복잡해진다.

생쥐와 쥐의 경우 Sirt1이 증가하면 세포 일부가 보통은 예정된 자살을 자극할 만한 스트레스에 직면해서도 살아남을 수 있다. Sirt1은 아포토시스의 역치를 높이거나 p53, FoxO, Ku70 등의 세포 보수를 자극하는 데 관여하는 핵심 세포 단백질들의 활동을 조절하기 때문이다. Sirt1은 따라서 세포 메커니즘을 증진하는 동시에 그들이 일할 시간을 벌어준다.

특히 심장과 뇌 같은 비재생성 조직들에서 평생에 걸쳐 일어나는 아포토시스에 의한 세포 손실은 노화의 중요한 요인일 텐데, 시르투인은 어쩌면 아포토시스를 지연함으로써 건강과 장수를 증진하는지도 모른다. 포유류 세포의 생존력을 높이는 Sirt1의 놀라운 능력은 월러(Wallerian) 돌연변이* 혈통의 생쥐에게서 확인할 수 있다. 이런 생쥐들에게서는 단일 유전자 돌연변이가 일어나는데, 그 돌연변이는 신경세포의 스트레스에 대한 저항력을 고도로 높여주어 뇌졸중과 화학요법에 따른 독소 축적 및 신경 퇴행성 질환 같은 문제들을 예방한다.

*월러 돌연변이 또는 월러 변성은 신경원에서 축삭이 절단되면 축삭종말이 퇴행성 변화를 보이는 현상을 말한다.

2004년에 워싱턴대학교 세인트루이스캠퍼스의 제프리 D. 밀브란트(Jeffrey D. Milbrandt) 교수와 동료들은 이런 생쥐들에게서 일어나는 월러 변성이 NAD를 만드는 효소의 활동을 증가시키고, 그 추가된 NAD는 Sirt1을 활성화함으로써 신경세포들을 보호한다는 것을 보여주었다. 더욱이 밀브란트 그룹은 레스베라트롤 같은 STAC가 정상적인 생쥐의 신경세포에 월러 변성과 비슷한 방어 효과를 부여한다는 결과를 발견했다.

프랑스국립보건의학연구소의 크리스티앙 네리(Christian Néri)는 좀 더 최근 연구에서, 레스베라트롤과 또 다른 STAC인 피세틴(fisetin)이 두 동물(선충과 생쥐)에게서 인간으로 치면 헌팅턴병에 해당하는 질병에 의한 신경세포의 죽음을 방지한다는 것을 보여주었다. 두 동물 모두 STAC가 방어 효과를 발휘하려면 시르투인 유전자의 활동이 필요했다.

개별적 세포들에서 시르투인이 발휘하는 방어 효과는 갈수록 명확해지고 있다. 하지만 만약 이들 유전자가 칼로리 제한의 이득과 관련한다면, 식단이 어떻게 한 동물의 전반적인 활동 및 노화 속도를 조절하는가 하는 풀리지 않는 수수께끼가 남는다. 존스홉킨스의과대학교의 페러 푸이그세르베르(Pere Puigserver)와 동료들은 금식 상태에서 간세포 NAD 수위가 상승하여 Sirt1 활동 증가를 촉발한다는 사실을 밝혀냈다. Sirt1이 작용하는 단백질 가운데 유전자 전사를 조절하는 중요한 단백질 PGC-1α가 있는데, 그것은 세포의 포도당 대사의 변화를 일으킨다. 따라서 Sirt1은 양분 섭취 가능성을 감지하면서 간의 반응을 조절하는, 두 역할을 모두 한다는 것이 밝혀졌다.

비슷한 데이터를 바탕으로 Sirt1이 간과 근육과 지방 세포들의 핵심 대사를 조절한다는 설이 제시되었다. 그것이 세포 내에서 NAD/NADH 비율 변화로 식단 변화를 감지하고, 그 후 그 조직들의 유전자 전사 패턴에 폭넓은 영향력을 행사하기 때문이다. 이 모델은 Sirt1이 장수에 영향을 미치는 유전자들과 경로들의 다수를 어떻게 통합할지를 설명해줄 것이다.

그러나 Sirt1이 신체 전체적으로 하는 활동들을 조절하는 기전은 한 가지가 아닐지도 모른다. 또 다른 솔깃한 가정은 포유류가 체지방 형태로 비축한 에너지의 양으로 식량의 풍부함을 파악한다는 것이다. 지방세포들은 신체의 다른 조직들에 신호를 전달하는 호르몬을 분비하지만, 그들의 메시지는 비축된 지방의 수치에 의존한다. 칼로리 제한은 지방 저장량을 줄임으로써 '부족'을 전달하는 호르몬 신호 패턴을 구축할지도 모른다. 그러면 세포 방어가 활성화된다. 유전자조작으로 식량 섭취에 관계없이 마르도록 만들어진 생쥐들은 더 오래 사는 경향이 있다는 사실 역시 그 생각을 뒷받침한다.

그리하여 우리는 Sirt1이 식단에 반응하여 지방 저장고를 조절할지가 궁금해졌다. 사실 지방세포에서는 칼로리 제한 후 Sirt1 활동이 증가하고, 그리하여 비축 지방이 다른 조직들에서 에너지로 변환될 수 있도록 세포에서 혈류로 들어가게 만든다. 우리는 Sirt1이 식단을 감지함으로써 지방 저장량의 수치를, 그리고 따라서 지방세포들이 생산하는 호르몬 패턴을 결정한다고 추정한다. 지방에 미치는 이러한 영향과 그것이 보내는 신호는 다시 전체 유기체의 노화 속도를 결정하여, Sirt1을 칼로리 제한으로 포유류가 누리는 장수 효과의 핵심 조절자로 만든다. 그것은 또한 노화, 그리고 과도한 지방과 관련된 2형 당뇨병을 포함한 대사성 질환들의 가까운 연관성을 드러낼 것이다. 따라서 지방세포의 Sirt1 경로에 약학적으로 개입하면 노화뿐 아니라 특정 질환들도 한 발 앞서 방지할 수 있을지도 모른다.

Sirt1이 조정하는 또 다른 핵심 과정은 염증으로, 다양한 암, 관절염, 천식, 심장병 및 신경 퇴행성 질환들과 관련이 있다. 버지니아대학교의 마틴 W. 메이오(Martin W. Mayo)와 동료들의 연구 결과는 Sirt1이 염증 반응을 촉진하는 단백질 복합체인 NF-κB를 억제한다는 것을 보여주었다. Sirt1 활성화 화합물인 레스베라트롤도 같은 효과를 가지고 있다. 이 발견은 특히 고무적인데, 우선 NF-κB를 억제하는 분자를 찾는 것이 약물 개발에서 대단히 활동적인 분야이며, 칼로리 제한의 또 다른 잘 알려진 효과는 과도한 염증을 억제하는 능력이기 때문이다.

SIR2가 스트레스에 의해 활성화되는 노화 조절 시스템의 최고 관리자라면, 호르몬 네트워크, 세포 내 조절 단백질들과 그 밖에 장수와 관련된 유전자들의 단원으로 이루어진 오케스트라의 지휘자처럼 행동할지도 모른다. 최근 몇 년 동안 등장한 좀 더 주목할 만한 발견들 중 하나는, Sirt1이 인슐린과 인슐린유사성장인자1(insulinlike growth factor 1, IGF-1)의 생산을 조절하며 이들 두 강력한 신호 분자들이 복잡한 되먹임 고리의 일환으로 Sirt1 생산을 조절하는 듯하다는 것이다. Sirt1, IGF-1과 인슐린 사이의 관계는 한 조직 내 Sirt1 활동이 신체의 다른 세포들에 어떻게 소통되는지를 보여준다는 점에서 흥미롭다. 게다가 인슐린과 IGF-1의 혈장 농도는 다양한 유기체의 수명을 결정한다고 알려져 있다. 그런 유기체로는 선충, 파리, 생쥐 등이 있고, 아마 우리 인간도 포함될 것이다.

4-3

방어에서 진보로

인류가 노화를 늦추려는 노력에서 실패해온 역사는 이미 수만 년에 이르기 때문에, 한쪽에서는 한 줌의 유전자들을 조작함으로써 인간 노화를 통제할 수 있다는 생각을 받아들이기 어려워한다. 하지만 우리는 포유류에게서 간단한 식단 변화로 노화를 방지하는 것이 가능하다는 사실을 이미 안다. 칼로리 제한은 실제로 효과가 있다. 그리고 우리는 시르투인 유전자가 칼로리 제한과 동일한 분자 경로의 다수를 조절한다는 것을 입증했다. 실제로 노화의 정확한, 또는 잠재적인 수많은 원인들을 알지 못한다 해도, 우리는 이미 몇 개의 조절자들을 조작함으로써 그것들이 유기체의 건강을 관리하게 만들어 노화를 늦출 수 있음을 다양한 생명 형태들을 대상으로 보여주었다.

우리는 또한 SIR2 유전자 계통이 아주 오래전에 진화했다는 사실을 알고 있다. 그들이 제빵용 효모, 리슈만편모충과 선충, 그리고 초파리와 인간에까지 걸친 다양한 유기체들에게서 발견되기 때문이다. 아직 검증되지 않은 인간을 제외한 이 모든 유기체에서 시르투인은 수명을 결정한다. 이 사실 하나만으로도 시르투인 유전자들이 아마 인간에게서도 건강과 수명의 열쇠를 쥐고 있으리라고 짐작할 수 있다.

우리가 몸담고 있는 두 실험실 모두 포유류에게서 SIRT1 유전자가 건강과 수명을 통제할지 곧 알려줄, 주의 깊게 통제된 생쥐 실험을 진행 중이다. 시르투인 유전자들이 어떻게 인간의 장수에 영향을 미치는지를 확실히 파악하려면 아직 몇십 년은 더 기다려야 할 것이다. 따라서 알약을 하나 꿀꺽해서 130

세까지 살 수 있다면 얼마나 좋을까 하고 생각하는 사람들은 좀 너무 일찍 태어난 셈이다. 그렇긴 해도, 이미 태어나 살고 있는 우리는 알츠하이머, 암, 당뇨와 심장병 같은 구체적 질병들을 치유하는 데 이용되는 시르투인의 활동을 조절하는 약물들을 생전에 볼 수 있을 것이다. 사실 그런 약물들 몇 가지는 이미 당뇨병과 헤르페스와* 신경 퇴행성 질환들의 치유를 위한 임상 실험에 들어갔다.

*바이러스 감염으로 물집이 생기는 피부병.

그리고 더 장기적으로 우리는 장수 유전자들의 비밀을 풀어 노화 관련 질병들을 치유하는 것을 넘어, 애초에 그런 병들이 생기지 않도록 예방할 수 있기를 기대한다. 사람들이 오늘날의 질병들에서 벗어나 능히 90대까지도 비교적 젊고 자유롭게 살 수 있다면 과연 그 삶은 어떤 느낌일지, 쉽게 상상이 되지 않는다. 인간 수명에 손을 댄다는 것이 과연 좋은 생각일까 미심쩍어하는 사람들도 분명히 있을 것이다. 하지만 20세기 초만 해도 출생 시 기대수명은 약 45세였다. 그리고 전염성 질병을 예방하거나 감염자의 생존율을 높여주는 항생제의 개발과 공공 보건 조치들 덕분에 기대수명은 약 75세로 늘었다. 사회는 평균적 장수라는 극적인 변화에 적응했고, 그런 진보가 일어나기 전의 세계로 돌아가고 싶어하는 사람은 거의 없을 것이다. 의심할 바 없이 100세를 넘어 사는 데 익숙해진 미래 세대는 지금 우리가 건강 증진을 도모하는 방법들을 과거 시대의 원시적 유물로 돌이켜볼 것이다.

4-4 장수로 가는 새로운 길

데이비드 스팁 David Stipp

1964년의 어느 맑은 11월 아침, 캐나다왕립해군의 케이프스콧(Cape Scott) 호가 노바스코샤 주 핼리팩스를 출항하여 4개월간의 원정을 떠났다. 맥길대학교 교수로 모험심 넘치는 학자였던 고 스탠리 스코리나(Stanley Skoryna) 휘하의 과학자 38명으로 이루어진 연구팀을 태운 그 배는 칠레 남쪽 3,540킬로미터 태평양 해상에 솟은 화산 점인 이스터 섬으로 향했다. 신비로운 거대 두상들로 유명한 그 외딴섬에 공항을 건설한다는 계획이 실행으로 옮겨지기 전에, 아직 현대의 손길이 닿지 않은 원래 모습 그대로의 사람들과 동식물군을 연구하는 것이 그들의 목적이었다.

섬사람들은 스코리나의 연구팀을 환대했고, 팀은 전체 주민 949명의 혈액과 침 샘플을 비롯해서 몇백 가지 동식물 표본을 가져갔다. 그런데 알고 보니 으뜸 상품은 흙이 담긴 실험용 튜브였다. 그 흙에는 놀라운 성질의 방어적 화합물을 만드는 세균이 들어 있었다. 그 놀라운 성질이란 다양한 종의 수명을 늘려주는 능력이었다.

몇몇 연구팀이 이제 라파마이신이라고 명명된 그 화학물질이 실험실 쥐들의 최대수명을 크게 증가시킨다는 것을 입증했다. 평균수명 증가를 보여주는 데이터를 바탕으로 미심쩍은 항노화 주장들이 제기되는 경우가 더러 있는데, 그것은 조기 사망을 제거하는 항체를 비롯한 약물들의 효과일 뿐 노화와는 아무런 상관이 없다. 그와는 대조적으로 증가된 최대수명(흔히 한 인구 중 최장수한 10개체의 평균수명으로 따지는)은 노화가 지연되었음을 보여주는 대표적 표지다. 포유류에게서 최대수명을 확실히 늘려주는 약물이 발견된 적은 한 번도 없었다. 말하자면 노화학의 음속 장벽은 오랫동안 깨어지지 않고 있었다. 따라서 노화의 영향력을 약화하는 방법을 연구하는 과학자들에게, 생쥐 실험의 성공은 판을 바꾸는 사건이었다. 노화학자들은 단순히 장수를 증진할 뿐 아니라 노화를 늦추는 간단한 개입 방식을 알고 싶어하지만, 노화에 제동을 거는 것은 백내장에서 암까지 우리가 늙어가면서 겪는 수많은 문제들의 진행을 더디게 하거나 늦추는 포괄적 방식일 터이기 때문이다.

항노화 화합물을 발견하려는 노화학자들의 오랜 노력은 마치 롤러코스터를 탄 듯한 부침을 겪어왔다. 동물들에게서 최대수명을 연장하는 돌연변이 유전자들이 발견되고 칼로리 제한이 많은 종들에게서 동일한 효과를 낳는다는 연구 결과가 등장하면서 희망이 샘솟았다. 그러나 그 진보는 밝았던 전망을 뒤로한 채 포유류 수명의 외적 한계를 깨뜨릴 어떤 약물도 찾아주지 못했다. 생쥐의 경우 영양학적으로는 적절하지만 굶주림에 가까운 칼로리 제한 방법이 수명을 연장하는 동시에 암, 신경 퇴행, 당뇨병을 비롯한 노화 관련 질병들을 지연할 수 있다 해도, 대다수 인간들에게 혹독한 다이어트는 노화를 늦출 수 있는 선택이 아니다.

2006년에 생쥐에게서 칼로리 제한 효과를 재현하는 적포도주의 유명한 성분 물질인 레스베라트롤이 설치류에게서 고지방 식단의 생명 단축 효과를 억제한다는 결과가 나왔을 때, 그 장벽은 드디어 깨진 것 같았다. 그러나 시르투인이라는 효소들에 작용하는 것으로 추정되는 그 물질은 나중에 정상적인 식단을 섭취한 생쥐에게서 최대수명을 연장하는 데 실패했다. 실망은 2009년 중반에 라파마이신 실험 결과가 발표되면서 다시금 갑자기 희망으로 바뀌었다. 세 곳의 실험실이 국립노화연구소의 후원을 받아 합동 실시한 세 건의 실험들에서, 당시 세포 성장을 억제한다고 알려졌던 라파마이신이 생쥐의 최대수명을 약 12퍼센트 연장한다는 결과가 나왔다. 더욱이 노화학자들을 놀라게 만든 것은, 노화로 심하게 손상되어 그 약물에 반응하기 어려울 것으로 여겨진 늙은 생쥐들도 평균수명이 3분의 1만큼 연장되었다는 결과였다.

라파마이신이 포유류에게서 수명의 벽을 깨뜨린 것은 생쥐를 포함한 동물들에게서(그리고 인간에게서도) 노화를 조절하는 듯한 10억 년 된 기전을 돌아보게 만들었다. 그 주된 부분은 TOR(target of rapamycin, 라파마이신의 표적)라고 불리는 단백질과, 그 단백질의 청사진 노릇을 하는 유전자다. TOR는 이제 노화학과 응용 의학의 집중 연구 대상인데, 동물과 인간을 대상으로 한 수많은 연구 결과 포유류에게서 그것에 해당하는 단백질(mTOR)의 세포 내 활동을 억제하면 암, 알츠하이머, 파킨슨병, 심장근육 퇴화, 2형 당뇨병, 골다공증과 시력 감퇴 같은 주요 노화 관련 질병들의 위험을 줄일 수 있다는 사실이 점차 밝혀지고 있기 때문이다. 기대해볼 만한 이점들은 대단히 다양해서, 만약 안전하고 믿음직하게 mTOR만을 겨냥할 수 있는 의약품을 개발할 수 있다면, 라파마이신이 생쥐를 비롯한 다른 종들에게 쓰이는 식으로 인간의 노화 과정을 늦추는 데 이용할 수 있을 듯하다. 그 가능성은 예방의학에 심오한 함의가 있다. (그러나 안타깝게도 라파마이신 그 자체는 부작용이 있어서 인간 노화를 늦춰줄 가능성을 검증하기에 부적합하다.)

다른 분자들, 주로 시르투인에 작용하는 약물들에 대해 비슷한 예측들이 나온 바 있다. 그렇다면 mTOR는 뭐가 다를까? 한 약물이 그 분자에 작용함으로써 한 포유류의 최대수명을 확실히 연장했다는 연구 결과는, mTOR가 포유류 노화의 핵심이며 연구자들이 이제 노화 과정에 제동을 걸 방식들을 발견하는 데 이전 어느 때보다 훨씬 더 다가가 있다는 뜻이다. "[TOR는] 확실히 요즘 이 분야에서 가장 큰 판인 것 같고, 아마 앞으로 10년간은 그럴 겁니다." 메인 주 바 하버에 위치한 잭슨연구소의 노화학자이자 생쥐의 라파마이신 연구의 공동 연구자인 케빈 플러키(Kevin Flurkey)는 말한다.

TOR 이야기

노화에 미치는 TOR의 영향력을 밝혀낸 연구는 스코리나 원정대가 몬트리올 에이어스트연구소로 그 토양 표본을 넘겼을 때 이미 그 뼈대를 갖추었다. 약학 연구자들은 1940년대 이래로 토양에서 항체들을 찾고 있던 터라, 에이어스트 연구자들은 항균물질을 찾아 그 표본들을 정밀 검사했다.

1972년에 그들은 한 항진균제(fungal inhibitor)를 찾아내어 라파마이신이라고 명명했다. 이스터 섬은 그 지역 사람들 말로 '라파 누이(Rapa Nui)'라고 했기 때문이다. 에이어스트는 원래 그 물질을 효모 감염을 치유하는 데 쓸 수 있기를 바랐다. 하지만 당시 세포배양 연구를 통해 동물의 면역 체계와 관련해 그 물질을 연구하던 과학자들은 그것이 면역 세포의 증식을 저해할 수 있음을 발견하고, 이식된 조직의 면역 거부를 방지할 목적으로 그 물질을 개발하는 데 박차를 가했다. 1999년에 라파마이신은 신장 이식 환자들을 대상으로 미국식품의약국의 승인을 받았다. 1980년대에는 그것이 종양 성장을 억제한다는 사실도 밝혀졌고, 2007년 이후로 라파마이신의 두 파생 약물(화이자의 템시롤리무스temsirolimus와 노바티스의 에버롤리무스everolimus)이 다양한 암의 치료약으로 승인받았다.

생물학자들은 효모와 인간 양측에서 세포 증식을 억제하는 라파마이신의 능력이 대단히 흥미롭다고 느꼈다. 그것은 그 화합물이 몇십억 년의 진화사를 뛰어넘어 효모와 인간 양측에 보존되어온 성장 조절 유전자의 활동을 억제한다는 뜻이었다. (세포는 성장하고, 크기가 팽창한 후, 분열하고 증식할 준비가 된다.) 1991년에 스위스 바젤대학교의 마이클 N. 홀(Michael N. Hall)과 동료들은 라파마이신이 두 성장 조절 효모 유전자를 억제한다는 것을 밝혀내고, 그 유전자들에 각각 TOR1과 TOR2라는 이름을 붙였다. 그로부터 3년 후 하버드대학교의 스튜어트 슈라이버(Stuart Schreiber)와 지금은 매사추세츠 주 케임브리지의 화이트헤드생물의학연구소에 있는 데이비드 사바티니(David Sabatini)를 포함한 수많은 연구자들이 각각 개별적으로 포유류의 TOR 유전자들을 밝혀냈다. 지금은 선충과 곤충 및 식물을 포함한 많은 종들이 세포 성장을 지배하는 TOR 유전자들을 소유한다고 알려져 있다.

1990년대 내내 연구자들은 세포와 전체 신체에서 그 유전자가 하는 역할에 관해 훨씬 많은 사실을 밝혀냈고, 그 역할들 중 다수는 결국 노화와 관련이 있음이 드러났다. 그 유전자는 세포질에서 다른 몇 가지 단백질들과 결합하여 세포 내 성장과 관련된 여러 활동들을 감독하는, TORC1이라는 화합물을 형성하는 효소 또는 촉매 단백질을 만든다는 것이 밝혀졌다. 라파마이신은 주로 TORC1에 영향을 미친다. 그보다 덜 알려진 또 다른 화합물 TORC2 또한 TOR 효소를 포함한다.

그 팀은 더 나아가 TOR가 영양분 감지기임을 보여주었다. 식량이 풍부하면 TOR는 활동성을 높여 세포의 전반적인 단백질 생산을 늘리고 분열을 자극한다. 식량이 희소하면 TOR 활동이 떨어져 그 결과로 전반적인 단백질 제조와 세포분열이 감소하면서 자원이 보존된다. 동시에 자가소화작용이라는 과정이 증가한다. 세포가 기형 단백질들과 고장 난 미토콘드리아(세포의 에너지 발전소) 같은 결함 있는 부품들을 부수고, 연료나 건축자재로 이용할 수 있는 부산물들을 만드는 과정이다. 새로 태어난 생쥐는 젖을 먹을 수 있기 전에 자가소화작용에 의존해 에너지를 공급한다. 식량을 확보하면 TOR와 자식작용의 활동은 다시 시소를 탄다. TOR 활동성은 올라가고, 자가소화작용은 저하된다.

연구자들은 또한 동물들에게서 TOR와 인슐린이 인도하는 신호 경로들이 상호 관련됨을 발견했다. 신호 경로들은 한 세포의 활동들을 통제하는 분자 상호작용들의 연쇄다. 인슐린은 식사 후 근육을 비롯한 세포들에게 에너지를 얻기 위해 혈액에서 포도당을 흡수하라는 신호로 췌장에서 분비하는 호르몬이다. 그렇지만 인슐린이 하는 일은 그뿐만이 아니다. 인슐린은 성장 인자다. 인슐린과 관련 단백질들은 모두 전신의 세포들이 영양분 섭취에 반응해 성장하고 증식하도록 유도하는 데 관여한다. 건강에 중요한 다른 한 특징으로, TOR와 인슐린 경로 사이에는 음성 되먹임 고리(negative feedback loop)가 있다. TOR를 자극하면 세포들이 인슐린 신호에 덜 민감해진다. 따라서 만성적 과식은 TOR를 과활성화하고 세포들이 갈수록 인슐린에 귀가 멀게 만들 것이다. 이 인슐린 '저항'은 다시 높은 혈당치와 당뇨병으로 이어질 수 있으며, 심장병 같은 다른 노화 관련 질환들에도 관여할 수 있다.

TOR는 또한 영양분 부족 외에 산소 수치 저하와 DNA 손상을 포함한 세포 스트레스들에도 반응한다. 일반적으로 세포들이 생존의 위협을 감지하면 TOR 활동이 촉발된다. 그 결과로 단백질 생산과 세포 증식이 느려지면서, 세포들은 남아도는 자원을 DNA 보수를 비롯한 방어 조치로 보낼 수 있다. 초파리 연구 결과를 보면 이 적신호 상태에서 단백질 합성이 폭넓게 저하되며, 단백질 제조 방식 또한 세포가 에너지 시스템을 쇄신할 수 있도록 핵심 미토콘드리아 부품들만 선택 생산하는 식으로 변화하는 듯하다. 이 다면적인 '스트레스 반응'이 세포가 가혹한 조건을 극복할 수 있도록 진화했다는 데는 의심의 여지가 없지만, 결과적으로는 시간의 유린에 맞서 세포를 단련해주는 역할도 하는 듯하다.

노화의 고리를 찾아라

TOR가 노화에 영향을 미친다는 생각은, 영양분에 굶주린 세포들이 TOR 활동을 줄여 성장 속도를 떨어뜨린다는 것을 보여주는 1990년대 중반의 연구 결과들에서 비롯되었다. 노화학자들은 이와 비슷한 것을 전에 본 적이 있었다. 1935년에 코넬대학교 영양학자인 클리브 맥케이(Clive McCay)가 어린 쥐들에게 거의 기아에 가까운 식단을 적용하여 쥐들이 느리게 성장하는 동시에 놀랍도록 오래 사는 결과를 보여준 것이다. 그 이후로 칼로리 제한이 효모에서 거미와 개에 이르기까지 다양한 종들에게서 최대수명을 연장한다는 사실이 입증되었다. 원숭이 대상 연구의 예비 증거들 역시 같은 결과를 보여준다. 생애 초기에 칼로리 섭취를 정상의 3분의 1가량 삭감하면 일반적으로 최대수명이 30~40퍼센트 더 늘어나는데, 그것은 분명히 노화에 의한 퇴화가 지연된 결과였다. 장기 연구에서, 칼로리를 제한한 노년의 레서스원숭이들은 나이에 비해 놀라울 정도로 건강했고 젊어 보였다.

이 방법이 늘 통하는 것은 아니지만(일부 실험실 생쥐 혈통은 오히려 수명이 줄었다) 칼로리 제한이 원숭이에게 그랬듯이 인간에게서도 건강한 노화를 촉진할 수 있음을 암시하는 증거들이 쌓여가고 있다. 따라서 굶주림 없이 칼로리 제한의 효과를 유도하는 화합물을 밝힌다는 목표는 노화를 연구하는 과학자들에게 성배와 같다.

2000년대 초반 연구자들은 세포에서 TOR의 영향력을 제한하면 칼로리 제한 효과를 복제할 수 있다는 가설을 세울 수 있을 정도로 TOR의 기능을 충분히 파악했다. 2003년에 스위스 프리부르대학교의 헝가리 출신 연구자 티보르 벨라이(Tibor Vellai)는 TOR를 억제하면 노화에 맞설 수 있다는 첫 증거를 제공한 선충 연구를 주도했다. 벨라이와 동료들은 선충의 TOR 합성물을 유전적으로 억제함으로써 선충의 평균수명을 두 배 이상으로 끌어올렸다. 그로부터 1년 후에 캘리포니아공과대학교에서 이루어진, 지금은 버크노화연구소에 있는 판카즈 카파히(Pankaj Kapahi)의 연구를 통해 초파리의 TOR 활동을 억제하면 초파리의 평균수명이 연장되고 풍부한 식단의 폐해를 막을 수 있음이 입증되었다. 그것은 칼로리 제한의 효과와 동일했다. 그리고 2005년에 당시 워싱턴대학교에 있던 브라이언 케네디(Brian Kennedy)와 그의 동료들은 효모 세포에서 다양한 TOR 경로들의 기능을 막아 수명 연장 효과를 보여줌으로써 TOR와 노화의 관계에 못을 박았다.

TOR에 관한 다른 연구들도 그렇지만, 이들 연구는 TOR 억제가 단순히 칼로리 제한의 효과뿐 아니라 수명을 연장한다고 알려진 돌연변이 유전자들의 효과도 복제한다고 주장한다는 점에서 흥미롭다. 그런 첫 '노화 유전자'는 선충에게서 약 10년 전에 발견된 바 있다. 나중에 선충의 인슐린 신호에 해당하는 과정에 개입한다는 것이 밝혀진 이 돌연변이 유전자들은 선충의 평균수명과 최대수명을 두 배로 늘렸다. 이전에는 감히 손댈 수 없을 만큼 복잡한 과정으로 여겨졌던 노화가 한 단일한 유전자를 변화시킴으로써 극적으로 늦춰졌다는 발견은 노화학이라는 분야를 뜨겁게 달구는 데 일조했다. 다른 무엇보다도 그것은 인간 노화를 약물로 늦출 가능성을 제시했다. 그리고 그 생각은

1990년대 후반과 2000년대 초반 성장 신호를 막는 다양한 생쥐 노화 유전자들이 발견되면서 더욱 힘을 얻었다. 그런 신호들 중 일부는 인슐린과, 그와 밀접하게 관련된 IGF-1이라는 호르몬에 의해 전달된다. 2003년에 그런 돌연변이 유전자를 가진 한 생쥐가 그 종의 최장수 기록을 세웠는데, 거의 5년이었다. 실험실 생쥐들의 최대수명은 기껏해야 30개월이다.

여러분은 TOR와 칼로리 제한과 노화 유전자의 관계가 밝혀지면서 라파마이신이 포유류에 미치는 생명 연장 효과를 검증하기 위한 열띤 경주가 벌어졌을 것이라고 생각할지도 모르겠다. 그러나 바쇽수명과노화연구소의 노화학자 스티븐 오스태드의 말에 따르면, 포유류 노화 전문가들은 2000년대 후반까지 "TOR를 그다지 진지하게 받아들이지 않았습니다." 왜냐하면 라파마이신이 면역 억제제로 알려져 있었기 때문이다. 따라서 장기간의 투여는 포유류에게 독소가 되리라는 가정이 지배적이었다. 그래도 바쇽연구소의 동료지만 오스태드와는 생각이 다른 젤턴 데이브 샤프(Zelton Dave Sharp)는 TOR 논문들을 연구한 끝에 다른 결론을 내렸다. 2004년에 그는 라파마이신을 만성적으로 복용한 생쥐들을 대상으로 대규모 수명 연구를 실시했다.

국립노화연구소의 기금을 받은 그 연구는 처음에는 순조롭지 못해 보였다. 그 약물을 생쥐 사료로 만들어내는 것이 너무 어려워서, 실험실의 설치류는 인간의 60세에 해당하는 20개월이 될 때까지 그것을 복용하지 못했다. 오스태드의 말을 들어보자. "아무도, 제 말은 정말 단 한 명도 그게 효과가 있으리라고 기대하지 않았어요." 사실 칼로리 제한조차 그처럼 늙은 동물들에게서는 수명을 늘려주지 못한다. 하지만 2009년에 공동으로 그 연구를 실시한 세 곳의 노화학 실험실(바숍연구소의 랜디 스트롱Randy Strong, 잭슨연구소의 데이비드 E. 해리슨David E. Harrison, 미시건대학교 앤아버캠퍼스의 리처드 A. 밀러Richard A. Miller)은 그 약물이 노화한 수컷 쥐에게서는 대조군 대비 28퍼센트, 암컷에게서는 38퍼센트라는 놀라운 기대수명 상승효과를 보여주었음을 보고하여 노화 연구사에 한 획을 그었다. 최대수명은 암컷의 경우 14퍼센트, 수컷의 경우 9퍼센트 늘었다.

이처럼 놀라운 생쥐 연구 결과들에 바로 뒤이어, 노화에서 TOR의 중요성을 부각하는 다른 연구 결과들이 나왔다. 유니버시티칼리지런던의 연구자들은 S6K1이라는, mTOR의 단백질 제조 통제 능력을 조절하는 효소를 만드는 한 유전자를 불능으로 만들면 암컷 쥐가 노화 관련 질병들에 저항력이 높아지며 최대수명이 늘어난다고 보고했다. (수수께끼는 수컷에게서는 그런 효과가 나타나지 않았다는 것이다.) 그리고 라파마이신을 생쥐에게 처음 실험한 미국의 실험실 세 곳은 9개월령의 설치류에게 약물을 복용시키자 20개월령의 생쥐들에게 복용시킨 것과 대략 동일한 수명 연장 효과가 나타났다고 보고했다. 따라서 라파마이신이 대체로 중년 이후의 나이에 혜택을 준다는 것을 짐작할 수 있다. 아마도 그것이 억제하는 퇴화가 일어나는 시기가 그때이기 때문인 듯하다.

TOR를 억제하면 여러 종의 수명이 연장된다는 사실은 이제 노화를 둘러싼 분자들의 복잡한 흙탕물 속에서 등대처럼 우뚝 솟아 있다. 그러나 그것이 두

슈퍼 쥐 만들기

2009년에 쥐를 대상으로 공동으로 실시한 세 건의 실험은, 라파마이신이라는 약물이 쥐들의 최대 수명을 9~14퍼센트 증가시켰음을 보여주었다. ('최대수명'은 한 인구에서 가장 오래 산 10퍼센트의 수명을 평균 낸 것이다.) 그것은 한 약물이 한 포유류의 최대수명을 크게 증가시킨, 믿을 수 있는 첫 사례였다. 그 대단한 업적은 언젠가는 한 약물이 노화를 늦추고 인간의 노년기 건강을 지켜주리라는 새로운 희망을 불러일으켰다. 그러나 라파마이신 자체는 부작용 때문에 그 약물이 될 수 없을 것이다.

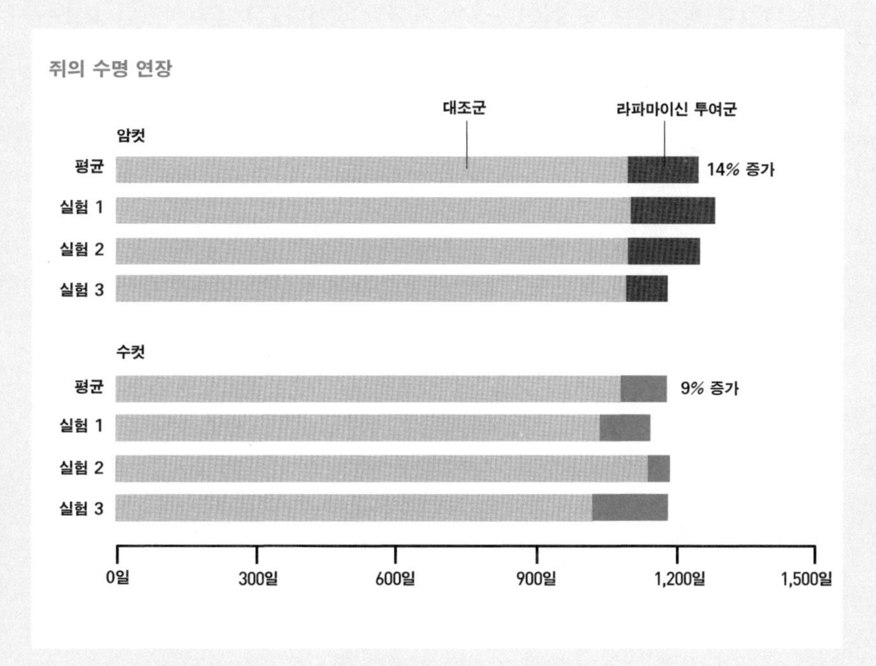

자료 : David E. Harrison

드러진다 해서 다른 노화 관련 경로들이 장수에 중요하지 않다는 뜻은 아니다. 사실 노화학자들은 칼로리 제한이 영향을 미치는 경로들을 점점 더 복잡하고 여러 갈래를 가진 네트워크에 속한 것으로 생각하고 있다. 그 네트워크들을 다양한 방식들로 수정하는 것은 가능할 것이다. 그 네트워크의 요소들은 인슐린 관련 효소들과, 세포에게서 스트레스 반응을 활성화하는 FoxOs라고 불리는 단백질들을 포함한다. 또한 시르투인이 포유류에게서 칼로리 제한의 이득을 끌어내는 데 관여하며, 어떤 상황에서는 TOR 억제에도 관여할 것을 짐작케 하는 상당한 증거가 있다. 그렇지만 현재로서 TOR는 적어도 다양한 동물종에서, 그리고 아마도 인간에게서도 노화 속도를 통제하기 위해 다양한 인풋을 통합하는 그 네트워크의 핵심 처리 단위에 가장 가까운 것으로 보인다.

수수께끼가 풀리다

TOR 억제와 칼로리 제한이 어떻게 그토록 많은 종에게서 수명을 연장하는지를 더 잘 이해하려 애쓰던 연구자들은 다음과 같은 오랜 수수께끼에 맞닥뜨렸다. 과연 노화를 늦추기 위한 기전이 진화할 이유가 있는가?

그 문제는 진화생물학자들로 하여금 머리를 긁적이게 만들었다. 자연선택의 목표는 성공적인 생식을 위한 것이지, 유기체들이 자기 종 대부분은 포식자, 감염, 사고 등으로 사라져버렸을 늦은 나이에도 활기를 유지하고 삶이라는 게임에 참가하게 만들기 위한 것이 아니기 때문이다. 생존의 그러한 '외적'

위험들 때문에 진화는 생물체들이 재생산을 할 때까지 환경에 지지 않고 살아남을 수 있도록 뒷받침한다. 그 후 생존 확률이 지속적으로 하락하면서 유기체들은 버려진 폐가처럼 쇠락한다. 그렇지만 칼로리 제한은 다양한 종의 노년기 쇠퇴를 늦춰주는데, 그 사실을 바탕으로 그 요법이 한 고대로부터 보존된, 자연선택이 일부 상황에서 노화를 늦추기 위해 만들어놓은 기전을 자극한다고 추정해볼 수 있다.

그 수수께끼를 밝히기 위해 자주 거론되는 설이 있다. 칼로리 제한이 고난 시기에 유기체의 노화에 제동을 걸어 상황이 나아져서 생식을 할 수 있을 때까지 버티게 해주는 진화적 반응을 건드린다는 것이다. 바솝연구소의 오스태드 같은 회의주의자들은 저칼로리 식단이 야생동물들의 수명을 연장해준다는 증거는 전혀 없다고 반박한다. 칼로리 제한은 오로지 안락한 생활을 하는 실험실 동물들에게서만 수명 연장 효과를 발휘했다. 이미 굶주림으로 약해진, 이미 마른 야생동물들은 노화를 지연하는 유전자에서 이득을 얻고 그 유전자를 물려줌으로써 굶주림 반응을 진화시킬 만큼 오래 살 가능성이 거의 없을지도 모른다.

일부 노화학자들은 그 수수께끼를 밝히는 다른 가설이 좀 더 합리적이라고 생각한다. 칼로리 제한의 수명 연장 효과가, 노화와 무관하게 진화한 반응들의 부작용이라는 것이다. 예를 들어 오스태드는 어려운 시기에 동물들이 평소 잘 먹지 않던 것들까지 먹는다는 가설을 제기한다. 그런 경우 주식에는 들어 있지 않은 독성 물질들을 접할 가능성이 있다. 그런 '어려운 채집(foraging)'은 굶주린 상황에서 독소에 맞서 체내 방어력을 끌어올리는 경향을 발현시켰을 수 있다. 그 결과 세포의 스트레스 반응과, 거기에 동반해 결과적으로 노화를 늦추는 보수 과정들이 활성화되었을 것이다.

최근 뉴욕 버펄로의 로스웰파크암연구소 연구자인 미하일 V. 블라고스클로니(Mikhail V. Blagosklonny)는 TOR에 관한 발견들을 바탕으로 칼로리 제한의 마법을 일종의 우연한 사고로 설명하는 또 다른 설을 제시했다. 러시아 출신으로 주로 암 연구와 세포생물학 분야에서 다양한 연구를 해온 그는 한 비정통적인 발상에서 영감을 얻었다. 젊음의 본질 그 자체처럼 보이는 성장 능력이 말년에는 우리를 노화로 앞장서 이끈다는 것이다. 그는 칼로리 제한이 성장 경로가 노년기에 미치는 부작용들에 개입함으로써 삶을 연장해준다는 설을 제시한다. TOR는 개중 가장 중요한 경로다.

블라고스클로니의 이론은 발달과 생식에 필수인 TOR가 성장이 완료된 후에는 노화의 엔진이 된다는 것이다. TOR는 그 친성장 신호 때문에 동맥의 부드러운 근육세포 증식(죽상동맥경화증의 핵심 단계), 지방 축적(전신 염증을 촉발하는), 인슐린 저항성 증가, 뼈를 부러뜨리는 이른바 파골세포들의 증식, 그리고 종양 성장을 유도한다. 게다가 자식작용을 떨어뜨려 응집성 단백질들과 고장 난 미토콘드리아의 축적을 부추기는데, 그것은 DNA를 손상하는 유리기를 늘려 세포의 에너지 대사를 어지럽힌다. 또한 퇴화에 저항하는 단백질들이 신경세포에 축적되는 데도 관여하는데, 그것은 알츠하이머를 비롯한 신경 퇴행성 질병 형태들에 기여하는 과정이다. 블라고스클로니는 TOR의 신호들이 노넌기에 세포 노화를 촉발하는 데도 관여한다는 것을 보여주었다. 그것은 일종의 좀비 상태로 근처 세포들을 손상하고, 조직의 재생 능력을 약화한다.

블라고스클로니의 주장에 따르면, 이 모두는 진화가 노화를 늦추기 위한 기전을 설계하지 않았다는 증거다. 라파마이신, 칼로리 제한, 그리고 친성장 호르몬들을 억제하는 돌연변이 유전자들의 수명 연장 효과는 단순히 자연의 실수로, 그의 말에 따르면 노화의 '배배 꼬인 성장'에 우연히 개입하여 노화가 평소보다 더 천천히 일어나도록 만들었을 뿐이다. 결과적으로 TOR 경로는 초기 발달을 위해 만들어졌으면서도 노화 프로그램과 매우 비슷한 방식으로 행동한다.

블라고스클로니의 이론이 혁신적이긴 하지만, 그 이론에 중요한 영감을 준 것은 1957년에 작고한 진화생물학자 조지 윌리엄스(George Williams)의 가설이었다. 윌리엄스는 생애 초기에는 이롭지만 말년에는 해로운 한 양면적 유전자가 노화를 야기한다는 설을 세웠다. 그런 '적대적인 다면발현성 유전자들(antagonistic pleiotropic genes)'은 진화의 선호를 받는다. 윌리엄스의 말에 따르면, 자연선택은 "이해관계가 상충할 경우 노년기보다는 청년기에 편향을 보이기" 때문이다. 블라고스클로니는 TOR를 그런 유전자들의 전형적인 본보기로 생각한다.

많은 혁신적 이론들이 그러하듯, 블라고스클로니의 이론은 논쟁적이다. 일부 과학자들은 그것이 TOR에 지나친 비중을 둔다고 생각하는 반면, 다른 일부는 TOR의 성장 촉진을 제외한 다른 양상들을 핵심적인 것으로 본다. 한 예로 세포 부품들을 재생하는 자가소화작용 억제를 TOR가 노화에 미치는 지배적 영향력으로 보는 것이다. 그래도 일부 TOR 전문가들은 그 이론이 어느 정도 타당하다고 여긴다. 바젤대학교의 홀은 블라고스클로니가 "다른 사람들은 심지어 알아차리지도 못한 꼭짓점들을 서로 연결"했다는 점을 인정하면서 "저는 그가 옳은 것 같습니다"라고 덧붙였다.

TOR와 의약의 미래

TOR가 노화의 핵심 추동자라면, 거기 맞설 수 있는 방법들은 어떤 것들일까? 라파마이신은 부작용 때문에 인간에게 작용하는 항노화 약물의 후보가 될 수 없다. 무엇보다도 그 약물은 혈중 콜레스테롤을 높여 빈혈을 유발하고 상처 치유를 저해할 수 있기 때문이다.

어쩌면 또 다른 약물인 메트포르민(metformin)이 그 대안이 될 수 있을지도 모른다. 비록 그 생각을 검증하려면 수많은 테스트가 필요하겠지만 말이다. 메트포르민은 가장 널리 처방되는 당뇨병 치료제로, 몇백만에 이르는 환자들이 혈당을 낮추기 위해 장기간 안전히 복용해왔다. 그 작용 기전은 아직 완전히 파악되지 않았지만 TOR 경로를 억제하고 AMPK라는 또 다른 노화 관련 효소를 활성화하는 것으로 알려져 있는데, 그 효소는 역시 칼로리 제한에 의해 자극되고 세포에서 스트레스 반응을 촉진한다. 또한 메트포르민이 생쥐에게서 칼로리 제한에 의한 유전자 활동 수준 변화 효과를 재현한다는 것이 입증되었다. 그리고 일부 증거에 따르면 설치류에게서 최대수명을 늘릴 가능성이 있다. 비록 메트포르민이 생쥐에게 발휘하는 수명 연장 효과를 확인하려는 정밀한 실험들이 현재 진행 중이긴 하지만, 그것이 인간에게서도 칼로리 제한과 동일한 효과를 발휘하는지 알려면 아직은 몇 년 더 기다려야 한다.

생쥐가 라파마이신으로 얻는 수명 증가 효과가 인간에게도 적용된다면 평균 5~10년의 수명이 더 늘어날 가능성이 있다. 그 정도면 엄청난 개선이다. 사실 선진국의 기대수명은 지난 한 세기 동안 크게 상승하여, 노화에 관한 한 우리는 아주 근소한 차로 기록을 깨려고 애쓰는 올림픽 운동선수와 비슷한 처지다. 미국의 평균수명은 20세기에 50퍼센트 이상 증가했지만, 지난 10년의 증가분은 2퍼센트에도 채 못 미쳤다.

초기 사망률이 거의 가능한 한도까지 떨어진 이 시점에서 기대수명을 확 끌어올리는 방법은 노화의 질병들을 억제하는 것일 수밖에 없다. 폭발적으로 증가하는 노년층 의료비를 생각하면 그것은 무척이나 어려운 주문일 것이다. 하지만 노화를 늦춘 약물들은 감당할 수 있는 한도에서 그것을 할 수 있었다. 결과적으로 그들은 우리 말년의 질병들, 이를테면 치매, 골다공증, 백내장, 암, 근육량과 근력 소실, 청각 장애, 하다못해 주름까지도 미루거나 늦출 수 있는 예방약 노릇을 할 것이다. 지금 혈압과 콜레스테롤을 낮추는 의약들이 중년의 심장병을 밀어내는 데 한몫하고 있는 것과 마찬가지다. 그리고 그들은 우리가 쇠약해져 죽기 전에 활력 있는 삶의 기간을 늘려 귀중한 시간을 벌어줄 것이다.

그런 약물을 개발하기란 쉽지 않을 것이다. 인간 노화의 속도를 측정하는 믿음직한 방식이 없다는 것도 그 한 가지 장애물이다. 좋은 자가 있으면 연구자들이 도저히 불가능할 만큼 장기적인 실험들을 실시하지 않고도 효력을 테스트할 수 있으리라. 그렇지만 안전한 항노화 의약품을 찾는 것은 그런 노력을 들일 만한 가치가 있는 목표일 것이다. 반드시 수명을 연장하기 위해서가 아니라 단지 건강한 노년을 위해서라도. 50여 년 전에 파낸 흙 한 병이 귀중한 수명 몇 년을 보태주는 연구의 그처럼 비옥한 토양이 될 줄 누가 짐작이나 했겠는가?

5

알츠하이머와 노화 관련 치매

5-1 알츠하이머 연구의 진전 : 뇌를 청소하라

데이지 유하스 Daisy Yuhas

2012년 2월, 과학자들이 알츠하이머가 뇌에 영향을 미치는 방식에 관해 이전 어느 때보다도 명확한 밑그림을 제시했다는 소식이 뉴스에 등장했다. 발표된 세 건의 연구는 새로운 기술로 그 질환을 연구해왔고, 마침내 어떻게 뇌에서 그 치명적인 과정이 진행되는지를 해명했다.

알츠하이머가 두 가지 형태(조발성과 만발성)로 존재한다는 사실은 오랫동안 과학자들을 당황하게 만들었다. 알츠하이머를 앓고 있는 500만 미국인 가운데 조발성 알츠하이머로 진단을 받는 경우는 몇천 명 정도로 추정되며, 그 질환은 65세 이하 인구에게서 발생한다. 이처럼 드문 조발성 형태는 유전적 요인에 의한 것으로 여겨지는데, 과학자들은 그 원인을 다양한 유전적 돌연변이들에서 찾아왔다. 한편 만발성 알츠하이머는 더 흔하긴 하지만 그보다 더 큰 수수께끼였다. 그것은 더러 알츠하이머 유전자로 불리는 APOE 유전자의 한 변종과 관련이 있다. 그렇지만 다른 주요 조발성 유전자들과 달리 APOE 유전자를 소유한 사람은 반드시 치매를 앓는다고 할 수 없다.

이제는 만발성 알츠하이머가 조발성 알츠하이머와 비슷한 유전적 기반을 가졌다는 증거가 있다. 워싱턴대학교 세인트루이스캠퍼스를 비롯한 재단들에 있는 연구자들은 조발성 알츠하이머 및 전측두엽 치매와 관련된 선택 유전자들의 염기 서열을 분석함으로써, 만발성 알츠하이머 환자들이 조발성 환자들과 같은 돌연변이 유전자들을 일부 소유했음을 발견했다. 《PLoS ONE》에 실린 그 증거는 삶의 다른 단계에 나타나는 알츠하이머의 형태들이 동일한 질환으로 분류되어야 한다는 주장을 뒷받침한다. 일부 경우에는 그 질환이 더 일찍 나타나기도 하는데, 과학자들은 비교적 생애 초기에 진단을 받은 환자들이 더 많은 유전적 요인을 가졌다고 생각한다.

빠른 유전자 염기 서열 분석을 사용한 이 연구는, 저자들에 따르면 한층 정확한 치매 진단의 모델을 제공할지도 모른다. 연구자들은 알츠하이머로 오진되었을 가능성이 있는 환자들을 분류했다. 유전자 검사 결과 그들은 다른 유형의 치매일 가능성이 있었다. 유전 정보가 있을 경우 가족력을 가진 환자들은 검사를 통해 알츠하이머를 일찍 탐지하고 진단받을 수 있다.

얼마 전 발표된 다른 유전적 연구들 또한 알츠하이머가 뇌에 영향을 미치는 방식의 생물학적 원리에 빛을 비추었다. 일부 돌연변이들은 뇌 영역에서 기억을 만드는 단백질인 아밀로이드베타(amyloid beta)의 생산 증가를 유발할 가능성이 있다. 과잉 생산된 아밀로이드베타는 뇌세포들에서 자연적으로 분비된 후 올리고머(oligomer)라는 중합체(complex)가 된다. 이 올리고머들은 신경세포들 사이에 전송되는 신호들을 교란할 수도 있다. 파킨슨병이나 헌팅턴병 같은 신경 퇴행성 질환들에서와 마찬가지로, 올리고머의 확산은 알츠하이머의 진행을 앞당기는 듯하다.

올리고머 관련 질병들은 비교적 흔한 편인데, 올리고머가 뇌에서 필수적인 생물학적 역할도 맡고 있다는 것이 한 가지 이유다. 초파리를 이용한 최근 연구는 그 파리들이 장기 기억을 형성하려면 실제로 한 특정한 올리고머가 필요하다는 것을 보여준다.

알츠하이머 초기 단계에서 자연적으로 분비된 아밀로이드베타 단백질은 뇌에서 올리고머로 축적되고, 그 후 플라크(plaque)라고 하는 더 큰 군집을 형성한다. 병이 더 진행되면 내후각 피질에 또 다른 돌연변이 단백질인 타우(tau) 단백질이 축적되기 시작한다. 보통 타우는 신경세포 기능에 핵심적 구조를 제공하는 데 관여한다. 그러나 타우가 축적되면 단백질이 엉켜서 결국 뇌세포의 죽음을 초래한다. 타우 단백질이 뇌의 다양한 영역들에 퍼지는 방법은 최근까지도 밝혀지지 않았다.

인간의 뇌에서처럼 타우 축적을 가속화하도록 유전적으로 조작된 생쥐의 뇌 표본을 이용해 이 질문에 답한 두 연구가 각각 《뉴런》과 《PLoS ONE》에 발표되었다. 그들은 뇌내 타우의 분포를 보여주는 염색 기술을 이용해 다양한 연령의 생쥐 표본을 비교함으로써 타우가 시간이 흐르면서 어떻게 뇌세포를 돌아다니는지 분석했고, 타우 단백질이 시냅스를 따라 돌아다니면서 이웃한 신경세포들로 퍼진다는 결과를 얻었다.

이 단백질이 어떻게 움직이는가를 이해하면 그 여행을 멈추게 할 수 있을지도 모른다. "이것은 생물학의 완전히 새로운 세계를 여는 겁니다." 컬럼비아 대학교의 카렌 더프(Karen Duff)는 말한다. 더프의 연구는 《PLoS ONE》에 발표되었다. 30가지 형태의 치매에서 타우의 존재가 파악되었다. 더욱이 타우의 움직임은 파킨슨병과 헌팅턴병에 영향을 미치는 올리고머의 확산과 비슷할 가능성이 있다. 그럼에도 아직 치료적 해법에 도달하려면 갈 길이 멀고, 알츠하이머의 비교적 후기 단계에 나타나는 타우를 막는 것은 아주 제한된 치유법일지도 모른다.

세계 인구가 점점 노령화하면서 알츠하이머는 갈수록 더 많은 사람에게 위협이 된다. 비록 우리는 이 연구에서 아직 새로운 치유법을 밝혀내지 못했지만, 이런 발견들이 주는 교훈은 명확하다. 우리가 정말 알츠하이머에 맞선 전쟁에서, 아니면 하다못해 전투에서라도 이기고 싶다면, 이 질환의 치유법을 찾기 위해 단백질들을 일그러뜨리고 뇌세포를 죽이는 복잡한 생물학을 파헤칠 수 있는 기초과학 연구가 필요하다.

5-2 생쥐에게서 알츠하이머병 증상이 역주행하다

게리 스틱스 Gary Stix

매우 촉망되는 한 생쥐 연구의 결과로, 거의 13년 전부터 쓰여온 한 피부암 치료제가 알츠하이머병의 분자 신호들을 신속히 완화하고 뇌 기능을 향상한다는 사실이 밝혀졌다.

《사이언스》에 발표된 그 연구에서, 클리블랜드 케이스웨스턴리저브대학교의 연구자들은 알츠하이머 증상 중 일부를 발현하도록 유전적으로 조작된 생쥐들을 이용했다. 그 실험에서 가장 놀라운 점은, 그 생쥐들이 아밀로이드베타 펩티드(신경세포를 씹어 먹고 세포 죽음을 유발하는 독성 단백질 조각들)를 생산했고 망각의 신호들을 보여주었다는 것이다.

게리 랜드리스(Gary Landreth)가 이끄는 케이스웨스턴 연구팀은 1999년에 피부T세포림프종 치료제로 승인된 벡사로텐(bexarotene, 상품명 타그레틴 Targretin)이라는 약물을 이용하기로 했다. 연구팀이 이 약물을 선택한 것은 뇌세포핵에 있는, 아밀로이드베타에 영향을 미치는 생화학적 과정을 유도할 수 있는 단백질을 연구해온 오랜 경험 때문이었다.

랜드리스와 동료들이 치매에 걸린 생쥐들에게 벡사로텐을 먹이자, 그 약물은 단 한 번의 복용으로 여섯 시간 안에 아밀로이드베타의 가장 해로운 형태를 25퍼센트나 청소했다. 그리고 그 효과는 사흘간 지속되었다. 아밀로이드 축적으로 인지 손상을 입은 생쥐들은 72시간 이후에 정상 행동을 재개했다.

그 생쥐들은 둥지를 만들려고 근처에 놓아둔 휴지를 구기기 시작했는데, 그것은 뇌에 아밀로이드가 증가하면서 잃어버린 기술이었다.

"우리는 생쥐의 알츠하이머 모델들에서 발견된, 모든 알려진 병리학적 특색과 행동 결손을 성공적으로 되돌렸습니다." 랜드리스가 말한다. "이전에는 아무도 생쥐 모델에서 아밀로이드 플라크가 그런 속도로 청소되는 것을 본 적이 없었습니다."

다른 알츠하이머 연구자들은 그 연구를 칭송한다. "저는 그 연구의 전망이 지극히 밝다고 생각합니다." 마운트시나이병원의 신경 및 정신의학과 교수이자 산하의 알츠하이머연구소 부소장인 새뮤얼 간디(Samuel Gandy)가 말한다. "우리는 25년 전부터 줄곧 기존 아밀로이드 퇴적을 청소해줄 약물을 찾아왔습니다."

"랜드리스의 논문은 인상적입니다." 캘리포니아대학교 샌타바버라캠퍼스의 신경과학자인 케네스 코식(Kenneth Kosik)이 말한다. "생쥐들은 인지능력의 부분적 복구를 포함해 극적인 결과를 보여주었습니다."

신경 청소

약물 실패들이 널리고 널린 그 분야에서, 그 연구는 뇌에서 독성 펩티드를 청소하는 전략이 효과가 있을 전망을 보여준다. 그러나 벡사로텐은 그처럼 직접적으로 작용하지 않는다. 대신 뉴런 사이의 액체로 채워진 공간에서 과도한 아밀로이드를 제거하는 데 한몫하는 지방과 단백질의 복합물인 아포리포프로테인E(apolipoprotein E, APOE)의 생산을 늘리는 뇌세포의 레티노이드 수용체들을 활성화한다. 또한 식세포작용(phagocytosis)이라고 불리는 또 다른 청소 과정을 촉진하는 듯하다.

벡사로텐은 약물 연구에서 더 나중에 개발된 단일클론항체(monoclonal antibody)들을 이용하는 아밀로이드 청소 접근법과는 다르게 기능한다. 이런 항체들은 아밀로이드에 직접 달라붙어 제거하지만, 그 결과로 이따금 뇌 조직에 물이 차기도 한다. 벡사로텐은 그런 부종을 유발할 가능성이 낮을 수 있다. "저는 이런 수용체들을 활성화함으로써 자연 과정을 유도하는 것이 뇌에 물이 차는 현상의 직접적 원인이라고는 생각지 않습니다." 랜드리스의 대학원생으로 그 연구의 많은 부분을 담당한 페이지 크레이머(Paige Cramer)가 말한다. 경구 복용하는 벡사로텐과 달리 단일클론항체들은 정맥주사로 주입해야 해서 더 까다로운 면이 있고, 만약 미국식품의약국의 승인을 얻게 되면 가격이 치솟을 우려도 있다.

그 연구는 또한 생애 말년에 알츠하이머를 일으키는 가장 큰 위험 요인(1990년대 초기에 발견된 이른바 APOE 유전자를 소유했다는)이 새로운 치유법 전략을 내놓는 데 어떤 역할을 할지에 관해 이제껏 가장 강력한 증거를 제시하기도 한다. 아포리포프로테인E 유전자에는 세 변종이 있는데, 그중 하나인 e4는 그 병을 유발할 위험을 상당히 높인다. 전체 인구 중 부모 양측에서 그 유전자를 하나씩 물려받은 사람들이 나이 80세에 알츠하이머가 발병할 확률은 대략 60퍼센트인 데 반해, 같은 나이의 일반인에게서 그 확률은 10퍼센트 미만이다. 비공식적으로 알츠하이머 유전자라고 불리는 그 변종 유전자는 드물지 않다. 미국 인구의 대략 20퍼센트가 적어도 하나를 가지고 있다. e4 소유자들은 아밀로이드를 청소하는 능력이 더 떨어지기 때문에 알츠하이머에 취약할 가능성이 있는데, 케이스웨스턴 연구는 그 설을 더욱 강화하는 듯하다.

성급한 결론?

그러나 그 생각이 보편적 지지를 받지는 못한다. 몇몇 실험들은 e4 유전자가 어쩌면 다른 식으로도 뇌에 손상을 미칠 가능성을 보여주었다. 아마도 신경세포 사이의 접속 지점인 시냅스의 생화학적 기능을 망쳐놓거나, 신경세포를 손상하는 독성을 가진 리포프로테인(lipoprotein)의 일부를 생산하는 것이 그 방법인 듯하다. 만약 그렇다면 이 형태의 아포리포프로테인E를 생산하는 것은 실제로 그 병의 병리학을 심화하고, 벡사로텐 개발을 대단히 어렵게 만들 수 있다.

알츠하이머 임상 실험 경력이 있는 한 연구자는 그런 장애물에도 포기하지 않는다. 캘리포니아대학교 샌디에이고캠퍼스에서 알츠하이머 협력 연구를 지휘하고 있는 폴 아이슨(Paul Aisen)은 e4의 과도한 생산에 의한 독성 효과에 관해 크게 우려하지 않는다고 말한다. 그 연구는 알츠하이머와 싸우기 위한 약물들의 임상 실험을 조직한다. "만약 그것이 아밀로이드 청소를 크게 촉진하고 뇌에서 아밀로이드의 짐을 덜어준다면, 성공 확률은 높습니다." 워싱턴대학교 세인트루이스캠퍼스의 저명한 알츠하이머 연구자인 데이비드 홀츠먼

(David Holtzman) 역시 벡사로텐의 전망을 밝게 점친다. "저는 그것이 인간에게 효과를 발휘할 거라고 확신합니다."

랜드리스와 크레이머는 확실히 그렇게 생각한다. 그들은 그 약물이 생쥐에게서 하듯이 인간에게도 혈관과 뇌의 장벽에 침투해 아밀로이드를 청소해줄지 알아내기 위해 예비 실험을 실시할 목적으로 렉셉터테라퓨틱스(ReXceptor Therapeutics)라는 회사를 창립했다. 만약 순조롭게 진행된다면 인간을 대상으로 그 약물의 효과를 확인하는 임상 실험들이 곧 시작될 테고, 실험 기간은 아마도 18개월에서 3년 정도가 될 것이다. 암 치료제로서 벡사로텐의 특허는 2012년에 만료되었지만, 케이스웨스턴은 그 약물을 알츠하이머에 이용하기 위한 특허를 가지고 있다.

아직 모르는 많은 것들

전망이 그처럼 낙관적이긴 해도, 과학자들은 상황을 과대평가하지 않는 것이 중요하다고 말한다. 어차피 생쥐에게서 통하는 모든 약물이 반드시 인간에게도 도움이 되리라는 법은 없다. 더욱이 이 연구에 이용된 유전자조작 생쥐들은 죽어가는 신경세포들에게서 영향을 받지 않는다(비록 인지능력이 손상되긴 하지만). 그리고 인간의 알츠하이머 후기에 나타나는 고유의 특색을 발현하지도 않는다. 그 특색이란 예컨대 신경세포 살해를 교사하는 듯한 이른바 타우단백질의 침착 같은 현상이다. "생쥐를 대상으로 한 유전자 이식 실험들은 인간에게서 치유 효과가 나타날 가능성을 확정해주지 않았습니다." 아이슨은 말한다. "따라서 인간 대상 연구를 통해 그것이 표적에 적중한다는 것이 확인되기 전까지는 주의가 필요합니다." 표적이란 아밀로이드 플라크를 제거하는 것이다.

그리고 벡사로텐은 위험성이 없지 않다. 심혈관 질환 및 당뇨병과 관련된 혈중 지방인 트리글리세리드의 수치를 높인다. 케이스웨스턴의 생쥐 실험을 바탕으로 알츠하이머 환자들은 어쩌면 암 치료에 요구되는 양보다 더 적은 복용량으로도 효과를 볼 수 있다. 그러면 지방 수치 상승효과가 그리 높지 않을 수 있다. 벡사로텐이 시간이 지나도 효과를 유지할 것인지는 또 다른 문제이다. 아밀로이드 플라크의 수치(비록 독성이 더 높은 가용성 형태는 아니지만)가 90일 이후에 상승한다는 사실은 그 약물이 복용 이후 오랜 기간에 걸쳐 다르게 대사될 가능성을 제시한다.

생쥐 연구가 그처럼 환호를 받은 것은 지금 미국에서 540만인 알츠하이머 환자 수가 미국의 인구가 계속 노령화되는 2050년에는 두 배 이상으로 뛰어오를 것으로 예상되면서 무언가 새로운 발상이 절박하게 필요하기 때문이다. 그 질병 과정에 대한 더 많은 이해(첫 증상이 나타나기 10~20년 전에 이미 그 병리학이 시작된다는 깨달음) 덕분에 더 이른 약물 실험에 초점이 맞추어졌다. 뇌 영상법과 척수액 테스트법(spinal fluid test)을 결합한 새로운 기술은 어쩌면 위험에 놓인 환자들을 판별하고 새 약물을 실험하게 해줄지도 모른다. 그러면 위험에 놓여 있지만 아직 증상을 나타내지 않은 환자들은 벡사로텐처럼 경구로 투여할 수 있는 비교적 값싼 약물을 처방받을 수 있을지도 모른다. 그들은 콜레스테롤 저하제처럼 그 약물을 평생 복용할 것이다.

렉셉터가 임상 실험 계획들을 진행하다 보면 어쩔 수 없이 알츠하이머 환자 가족들의 요구를 받게 될 것이다. 랜드리스는 이런 기사를 읽은 후에 내과의에게 전화를 거는 것은 좋은 생각이 아니라고 강조한다. "자가 처방을 시도하지 마세요. 왜냐하면 우리는 복용량과 복용 주기를 아직 알지 못하기 때문입니다. 그리고 실제로 복용하는 데는 몇 가지 미묘한 차이가 있습니다. 그러니 승인 없이 처방해서는 안 됩니다." 또한 신경 퇴행성 과정들이 이미 자리 잡은 중기나 후기 단계에 벡사로텐 같은 약물이 효과가 있을지도 명확하지 않다.

벡사로텐이 알츠하이머 치료제로 등장하게 된 것은 세포 수용체에 관한 랜드리스의 장기적 기초 연구의 파생물이었다. 만약 그 약물이 성공을 거둔다면, 그것은 다루기 어려운 이 질병을 치유하기 위한 새로운 발상들이 이따금 커다란 의약 회사들의 좁게 초점을 맞춘 전략들 너머 어딘가에서 나타날 가능성을 보여줄 것이다.

5-3 알츠하이머를 멈춰라

마이클 울프 Michael S. Wolfe

인간 뇌는 놀랍도록 복잡한 유기적 컴퓨터로, 폭넓고 다양한 감각 경험들을 받아들여 이 정보를 처리하고 저장하고 불러오며, 올바른 순간에 선택된 조각들을 통합한다. 알츠하이머병에 의한 파괴는 하드드라이브가 가장 최근 파일들부터 역순으로 지워지는 과정에 비유되어왔다. 그 질병의 초기 신호 중에는 오래전 기억은 멀쩡히 남아 있는데 지난 며칠간의 일들, 이를테면 친구와의 전화 통화나 수리기사의 방문을 기억하지 못하는 증상이 있다. 병이 진행되면서 새로운 기억뿐 아니라 옛 기억들도 점차 사라져, 심지어 사랑하는 사람들조차 알아보지 못하는 지경에 이른다. 알츠하이머에 대한 공포는 예상되는 육체적 통증과 고통보다 한 인간의 정체성을 구성하는 평생의 기억들을 영영 잃어버린다는 데서 나온다.

불행히도 컴퓨터 비유는 들어맞지 않는다. 간단히 인간 뇌를 재부팅해서 파일들과 프로그램들을 다시 불러오는 것은 불가능하다. 문제는 알츠하이머가 단순히 정보만 지우는 것이 아니라 1,000억 개 이상의 신경세포(뉴런)와 100조 이상의 연결들로 이루어진 뇌의 하드웨어 그 자체를 파괴한다는 것이다. 가장 최근의 알츠하이머 약물은 손실된 신경세포 다수가 아세틸콜린(acetylcholine)이라는 일종의 화학적 교신기(다른 말로 신경전달물질)를 분비한다는 사실을 이용한다. 이런 약물들은 아세틸콜린의 정상적 분해를 담당하는 효소를 방해하기 때문에, 원래는 고갈될 이 신경전달물질의 수치를 높인다. 그 결과는 뉴런의 자극과 더 명확한 사고 작용이지만, 이런 약물들은 보통 6개월에서 1년 사이에 효과가 사라진다. 뉴런의 가차 없는 붕괴를 멈추지 못하기 때문이다. 메만틴(memantine)이라는 또 다른 약물은 보통에서 중증 정도 알츠하이머 환자들에게서 다른 신경전달물질(글루탐산)의 과도한 활동을 가로막음으로써 인지 저하 속도를 늦추는 듯한데, 연구자들은 아직 그 약물의 효과가 1년 이상 가는지 확정하지 못했다.

예전에 알츠하이머를 퇴치할 수 있으리라고 낙관하는 사람은 거의 없었다. 과학자들은 그 병의 생물학에 관해 거의 아는 바가 없었고, 그 기원과 과정은 암담할 정도로 복잡하게 여겨졌다. 그러나 최근 연구자들은 그 병을 촉발하는 분자 사건들을 이해하는 데서 엄청난 진보를 이루었고, 이제는 이런 파괴적 과정들을 늦추거나 막는 다양한 전략들을 탐구하고 있다. 어쩌면 이런 치유법들 중 하나 또는 몇 가지의 조합을 통해 이미 진행 중인 알츠하이머를 멈추기 충분할 정도로 뉴런 퇴화 속도를 늦출 수 있을지도 모른다. 몇몇 후보 약물들이 임상 실험 중이고, 유망한 예비 결과들을 일부 내놓았다. 점점 더 많은 연구자들이 희망을 느끼고 있다. 희망은 보통 알츠하이머와 연관되지 않는 단어였다.

아밀로이드 가설

독일 신경학자인 알로이스 알츠하이머(Alois Alzheimer)가 100여 년 전에 처음 주목한 그 질병의 두 핵심 요소는 뇌의 더 고차원적 기능을 담당하는 대뇌 피질 및 변연계의 단백질 플라크와 단백질 엉킴이다. 신경세포 외부에 축적되는 플라크는 주로 아밀로이드베타 또는 A-베타라고 불리는 작은 단백질로 구성된다. 단백질 엉킴은 뉴런 내부와 거기서 뻗어 나온 돌기들(축삭돌기와 수상돌기들)에 있고, 타우라는 단백질 섬유들로 만들어진다. 이런 비정상성들이 발견되면서 일어난 논쟁은 20세기 내내 지속되었다. 단백질 플라크와 엉킴들은 뇌 뉴런 퇴화의 원인인가, 아니면 뉴런 죽음이 이미 일어난 흔적일 뿐인가? 지난 10년 동안 증거들은 A-베타와 타우 둘 다 알츠하이머 발병과 밀접한 관련이 있다고 상정하는 아밀로이드연쇄가설(amyloid-cascade hypothesis)을 지지하는 방향으로 움직였다. 그리고 아마 A-베타 단백질이 그 초기 손상과 관련이 있을 것이다.

A-베타는 짧은 펩티드 또는 단백질 조각으로, 1984년에 당시 캘리포니아대학교 샌디에이고캠퍼스에 있던 조지 G. 글레너(George G. Glenner)와 카인 W. 왕(Cai'ne W. Wong)에 의해 처음 분리되어 특정되었다. 이 펩티드는 아밀로이드베타전구단백질(amyloidbeta precursor protein), 줄여서 APP라고 하는 더 큰 단백질에서 나온다. APP 분자들은 세포막을 통과해 일부분은 세포 안에, 나머지는 바깥에 들러붙는다. 두 단백질 절단 효소들, 다른 말로 프로테아제(proteases, 베타-세크레타제와 감마-세크레타제)는 APP에서 A-베타를 잘라내는데, 그 과정은 보통 신체 내의 거의 모든 세포에서 일어난다. 세포들이 A-베타를 만드는 이유는 명확하지 않지만, 현재까지의 증거는 그 과정이 신호

전달 경로의 일부임을 짐작케 한다.

APP A-베타 영역의 한 부분은 세포막 그 자체 안에, 바깥쪽 층들과 안쪽 층들 사이에 있다. 세포막이 물을 거부하는 지질로 이루어져 있기 때문에, 세포막을 지나는 단백질의 영역들은 보통 물을 거부하는 아미노산을 포함한다. A-베타가 베타-세크레타제와 감마-세크레타제에 의해 APP에서 도려내져 세포막 바깥의 수성 환경에 배출될 때, 다른 A-베타 분자들의 방수 영역들은 서로 들러붙어 작은 가용성 회합체(soluble assemblies)를 형성한다. 1990년대 초반 지금은 하버드의과대학원에 있는 피터 T. 랜스버리 주니어(Peter T. Lansbury Jr.)가 시험관 속 A-베타 분자들이 충분한 농도에서 알츠하이머의 플라크에서 발견되는 것들과 비슷한 섬유 같은 구조들로 결집한다는 것을 보여주었다. A-베타의 섬유뿐 아니라 가용성 회합체들 역시 샬레에서 배양되는 뉴런들에 해로운 영향을 미치며, 가용성 회합체는 생쥐에게서 학습과 기억에 핵심적인 과정들을 저해할 수 있다.

이런 발견들은 아밀로이드연쇄가설들을 뒷받침하지만, 가장 강력한 증거는 알츠하이머 발병 위험성이 특히 높은 가족들을 대상으로 한 연구에서 나온다. 이런 사람들은 비교적 젊은 나이, 보통 60세 이전에 그 병을 발현하는 희귀한 변종 유전자를 가지고 있다. 지금은 국립노화연구소에 있는 존 A. 하디(John A. Hardy)와 동료들은 1991년에 APP를 만드는 유전자에서 그런 돌연변이를 처음 발견했다. 그런 돌연변이들은 특히 A-베타 영역과 그 부근 단백질들의 영역에 영향을 미쳤다. 그 후 곧 하버드대학교의 데니스 J. 셀코(Dennis

J. Selkoe)와 플로리다 주 잭슨빌에 있는 메이오클리닉의 스티븐 욘킨(Steven Younkin)은 각자 독립적으로, 이런 돌연변이들이 일반적인 A-베타 또는 침전물을 형성할 가능성이 높은 특정 유형 A-베타의 형성을 증가시킨다는 사실을 발견했다. 더구나 21번 염색체를 두 개가 아니라 세 개 가진 다운증후군 환자들은 중년에 알츠하이머에 걸릴 위험이 훨씬 높다. 21번 염색체가 APP 유전자를 가지고 있으므로 다운증후군 환자들은 출생 때부터 A-베타 수치가 더 높고, 그들의 뇌에서는 겨우 12세부터 아밀로이드 축적이 발견될 수 있다.

연구자들은 곧 알츠하이머병과 A-베타 생산 조절 유전자 사이의 다른 관계들을 발견했다. 1995년에 피터 조지 히스롭(Peter St. George-Hyslop)과 동료들은 토론토대학교에서 아주 초기 단계의 공격적 형태의 알츠하이머를 유발하는, 프레세닐린1(presenilin1)과 프레세닐린2라고 명명된 두 관련 유전자들에게서 돌연변이들을 찾아냈다. 그 돌연변이 유전자를 가진 사람들은 30대나 40대부터 그 병이 발현했다. 추가 연구를 통해 이런 돌연변이들이 엉키는 경향이 있는 A-베타의 비중을 높인다는 사실이 밝혀졌다. 우리는 이제 프레세닐린 유전자들이 만드는 단백질들이 감마-세크레타제 효소의 일부임을 안다.

따라서 생애 초기에 알츠하이머를 유발한다고 알려진 세 유전자 가운데 하나는 A-베타의 전구체를 만들고, 다른 둘은 해로운 펩티드를 제조하는 데 관여하는 한 프로테아제의 구성 요소들을 지정한다. 더욱이 과학자들은 아포리포프로테인E(회합체들과 섬유들에서 A-베타 펩티드들을 그러모으는 데 관여하는 단백질)를 만드는 유전자의 한 특정 변종을 가진 사람들이 생애 후기에 알츠하이머를 발전시킬 위험이 상당히 높아진다는 것을 발견했다. 다양한 유전적 요인들의 한 무리가 그 병이 발현하는 데 각자 조금씩 기여하는 식일 가능성이 아주 높다. 그리고 생쥐 연구들은 환경적 요인들이 질병의 위험에도 영향을 미칠 가능성을 짐작케 한다(예를 들어 운동은 위험을 낮춰줄 수도 있다).

과학자들은 A-베타의 가용성 회합체들과 비가용성 섬유들이 어떻게 뉴런을 교란하고 죽이는지 아직 정확히 이해하지 못한다. 그렇지만 뉴런 바깥 A-베타의 응집들이 세포 내의 타우 단백질 변화를 포함한 연쇄적 사건들을 점화할 수 있음을 보여주는 증거들이 있다. 특히 A-베타 응집들은 결국 단백질에 인산염을 심어 넣는 키나아제라는 효소의 세포 활동을 궁극적으로 변화시킬 수 있다. 영향을 받은 키나아제들은 타우에 너무 많은 인산염을 더하고, 그 단백질들의 화학적 성분들을 바꾸고, 그들로 하여금 뒤틀린 섬유들을 형성하게 만든다. 변화된 타우 단백질들은 결국 뉴런의 죽음을 초래하는데, 아마도 축삭돌기와 수상돌기들을 따라 단백질들과 다른 큰 분자들을 이송하는 미세소관들을 교란하기 때문일 것이다. 타우 유전자 자체의 돌연변이들은 또한 타우 섬유들을 생성함으로써 알츠하이머 말고도 다른 유형의 신경 퇴행성 질병들을 유발할 수 있다. 따라서 A-베타가 알츠하이머 질병의 구체적인 개시 요인인 반면, 타우 섬유의 형성은 명백히 뉴런 죽음으로 이어지는 한층 일반적인 사건이다.

분자 가위 묶어두기

A-베타가 알츠하이머의 진행 과정에서 하는 핵심 역할을 생각해보면, 이 펩티드를 생산하는 프로테아제는 명확히 그 활동을 억제할 전망이 보이는 약물들의 표적이다. 프로테아제 억제제들은 에이즈와 고혈압 같은 다른 질병들을 치유하는 데서 그 효과를 입증받았다. A-베타 형성의 첫 단계는 베타-세크레타제에서 시작된다. 베타-세크레타제는 세포막 바로 바깥에 있는 APP 덩어리를 잘라내는 프로테아제이다. 1999년에 다섯 연구팀이 독립적으로 이 효소를 발견했는데, 그것은 뇌 뉴런에 특히 풍부하다. 베타-세크라타제는 비록 세포막에 매여 있지만, 세포 안과 밖의 수성 환경에서 볼 수 있는 프로테아제들의 한 부분집합과 매우 닮았다. 이런 부분집합의 원소들(에이즈를 유발하는 바이러스인 HIV 복제에 관여하는 프로테아제를 포함하는)은 아미노산의 일종인 아스파르트산을 이용해 그 단백질 절단 반응에 촉매 작용을 한다. 모든 프로테아제는 단백질을 자르기 위해 물을 이용하고, 아스파르틸 프로테아제 가족의 효소들은 그 목적을 위해 물 분자를 활성화하는 데 한 쌍의 아스파르트산을 이용한다.

베타-세크레타제는 명확히 이 가족으로 분류되기 때문에, 연구자들은 이런 프로테아제들에 관해 가진 방대한 지식을 이용할 수 있었다. 그것은 이 효소에 대한 아주 상세한 이해로, 그리고 그것이 어떻게 억제될 수 있는가로 이어졌다. 사실 연구자들은 이미 베타-세크레타제의 3차원 구조에 관해 알아냈고, 잠재적 억제제가 될 약물을 찾는 컴퓨터 실험의 가이드로 이용했다. 유전

연구 결과에 따르면, 그 효소의 활동을 막아도 해로운 부작용이 파생되지는 않을 것이다. 생쥐에게서 베타-세크레타제를 만드는 유전자를 소거하자 뇌에서 A-베타 형성이 중단되었는데, 어떤 명확한 부정적 결과도 일어나지 않았다. 그러나 베타-세크레타제 억제제에 대한 임상 실험은 아직 계획이 없다. 주요한 문제는 뇌에 효과적으로 침투할 수 있을 정도로 작고 강력한 화합물들을 개발하는 것이다. 인체 다른 부분의 혈관들과 달리 뇌의 모세관들은 아주 빽빽하게 들어찬 내피세포들로 둘려 있다. 세포들 사이에는 간극이 거의 없으므로, 프로테아제 억제제가 그 너머의 뇌 조직에 닿으려면 반드시 세포막을 통과할 수 있어야 할 것이다. 그리고 대다수 큰 분자들은 이러한 이른바 혈관-뇌 장벽을 통과할 수 없다.

감마-세크레타제라는 효소는 A-베타 형성의 2단계를 담당한다. 베타-세크레타제가 쪼개진 후 남는 APP 덩어리를 자르는 것이다. 감마-세크레타제는 원래 물을 거부하는 세포막 환경에서 단백질을 자르기 위해 물을 사용하는 흔치 않은 업적을 달성한다. 우리가 이 프로테아제를 이해하려면 두 가지 실마리가 필수적이라는 것이 밝혀졌다. 첫째로 벨기에 루뱅가톨릭대학교의 바트 드 스트루퍼(Bart de Strooper)는 1998년에 생쥐에게서 프레세닐린1 유전자를 제거했더니 감마-세크레타제의 APP 절단이 크게 줄었다는 연구 결과로, 그 유전자가 만드는 단백질이 감마-세크레타제의 기능에 필수적임을 보여주었다. 둘째로 당시 멤피스의 테네시대학교에 있던 내 실험실은, 고전적 억제제인 아스파르틸 프로테아제와 동일한 화학적 범주에 들어가는 화합물들이 세포 내에서 감마-세크레타제의 APP 분해를 막을 수 있음을 발견했다. 따라서 감마-세크레타제는 베타-세크레타제와 마찬가지로, 단백질 절단의 촉매 작용에 필수적인 아스파르트산 한 쌍을 함유한 듯하다.

이런 관찰들을 바탕으로, 우리는 프레세닐린 단백질이 어쩌면 세포막에 심어진 흔치 않은 아스파르틸 프로테아제일 가능성을 떠올렸다. 나는 셀코의 하버드 실험실에서 웨이밍 시아(Weiming Xia)와의 공동 연구를 통해 세포막 내에 있으리라고 예측했던 프레세닐린의 두 아스파르트산의 존재를 확인하고, 그 둘이 모두 감마-세크레타제의 A-베타 생산에 핵심 역할을 한다는 것을 입증했다. 그 뒤를 이어, 우리를 비롯한 연구자들은 감마-세크레타제 억제제들이 프레세닐린에 곧장 들러붙고, 세 다른 세포막 내 단백질들이 프레세닐린과 결합해 촉매작용을 일으킨다는 것을 입증했다. 오늘날 감마-세크레타제는 세포막 내에서 물을 이용해 생화학적 임무를 완수하는 새로운 범주의 프로테아제들의 첫 타자들로 여겨진다. 더욱 좋은 점은 감마-세크레타제 억제제들이 세포막을 통과할 수 있는 비교적 작은 분자들이어서, 혈액-뇌 장벽을 투과할 수 있다는 것이다.

나는 5학년인 내 막내아들의 반 아이들에게 우리 실험실의 연구 이야기를 들려주었다. 아밀로이드 이야기를 하고, 새로운 알츠하이머 약물을 개발하기 위해 관련 효소들을 억제할 방법을 찾으려 하고 있다고 설명했다. 남자애 하나가 중간에 끼어들었다. "그렇지만 그 효소가 무언가 중요한 일을 하고 있으면 어떡해요? 누군가한테는 해로울지도 모르잖아요!" 열 살짜리 소년의 이 걱정은 매우 현실적이다. 적절한 치료제로서 감마-세크레타제에 대한 전망을 흐리는 것은, 이 효소가 예를 들어 적혈구와 림프구로 발달하는 골수의 줄기세포 같은, 신체의 다양한 부분들의 미분화된 전구세포들에 핵심적 역할을 한다는 사실이다. 구체적으로 감마-세크레타제는 노치 수용체(Notch receptor)라는 세포 표면 단백질을 자른다. 세포 내 세포막에서 배출된 노치 조각은 그 후 세포의 운명을 결정하는 핵에 신호를 보낸다.

감마-세크레타제의 대량 복용은 노치 신호를 교란해 결국 생쥐에게 독소 효과를 유발하므로, 이 치유법에 관해서는 심각한 우려가 있다. 제약사인 일라이릴리가 개발한 한 후보 약물은 임상 실험의 3단계에서 실패했다. 게다가 연구자들은 A-베타 생산이 노치의 절단에 미치는 영향 없이 중단되도록 감마-세크레타제를 조절하는 분자들을 찾아냈다. 이런 분자들은 감마-세크레타제의 아스파르트산과 접촉하지 않고, 대신 효소의 다른 부분에 들러붙어 모양을 변화시킨다.

거미줄 걷어내기

알츠하이머와 싸우는 또 다른 전략은 펩티드가 생산된 후에 뇌에서 A-베타의 해로운 회합체들을 청소하는 것이다. A-베타를 공격하기 위해 환자 자신의 면역 체계를 보충하는 적극적 면역법도 있다. 1999년에 데일 B. 솅크(Dale B. Schenk)와 사우스샌프란시스코 엘란코퍼레이션의 동료들은 혁신적인 연구 결과를 하나 내놓았다. 아밀로이드 플라크를 발달시키도록 유전적으로 조작된 생쥐에게 A-베타를 주입하자, 면역 반응이 자극을 받아 어린 생쥐의 뇌에서 플라크 형성이 예방되고 더 나이 든 생쥐에게서는 이미 존재하는 플라크가 청소되었다는 것이다. 그 생쥐는 A-베타를 인지한 항체를 생산했고, 그 항체들은 명백히 뇌의 면역 세포들(소교세포)을 자극하여 그 펩티드의 회합체를 공격하게 만들었다. 생쥐 실험에서 얻은 학습과 기억의 향상을 포함한 긍정적 결과들은 재빨리 인간 대상 실험들로 이어졌다.

비록 A-베타의 투입이 초기 안전 검증을 통과하긴 했지만, 불행히도 2단계의 일부 환자들에게서 뇌염(뇌의 염증)이 발생하는 바람에 연구는 2002년에 조기 중단될 수밖에 없었다. 후속 연구 결과로 미루어 볼 때 치유가 어쩌면 면역 체계의 T세포들이 A-베타 응집에 지나치게 강력한 공격들을 가하도록 자극해 뇌염을 야기했을 가능성이 있다. 그럼에도 그 연구는 많은 환자들이 A-베타에 맞서 항체를 생산했으며 그로써 기억과 집중력이 약간 향상된 신호들이 나타났음을 확실히 보여주었다.

적극적 면역에 관한 안전상 우려들 때문에 일부 연구자들은 소극적 면역법을 시도했는데, 그것은 환자들에게 항체를 투입함으로써 펩티드를 청소하는 것을 목표로 한다. 생쥐 세포들에게서 생산되고 인간에게서 거부반응을 방지하도록 유전적으로 조작된 이런 항체들은 뇌염을 유발할 가능성이 낮다. 뇌에서 해로운 T세포 반응을 촉발하지 않을 것이기 때문이다.

적극적이거나 소극적인 면역법이 어떻게 뇌에서 A-베타를 제거하는가는 아직 수수께끼인데, 항체들이 얼마나 효과적으로 혈액-뇌 장벽을 통과할 수 있는가가 명확하지 않기 때문이다. 일부 증거는 뇌로의 진입이 필요할 가능성을 제시한다. 어쩌면 다른 신체 부분들이 A-베타를 빨아들임으로써 뇌의 펩티드 농도를 떨어뜨릴 수 있을지도 모른다. 분자들은 고농도에서 저농도로 움직이는 경향이 있기 때문이다. 소극적 면역법은 이제 대부분의 약속을 지키는 것 같지만, 적극적 면역법 역시 아직 후보에서 탈락하지 않았다. 내 하버드 동료인 신시아 르미어(Cynthia Lemere)가 주도하는 예비 연구들은, 전체 펩티드 대신에 A-베타의 선택된 부분들을 이용하는 면역법이 뇌염을 일으키는 T세포들을 자극하지 않고 면역 체계의 항체를 생산하는 B세포들을 자극할 수 있음을 보여준다.

타우를 노려라

그러나 아밀로이드는 알츠하이머 방정식의 절반에 지나지 않는다. 다른 절반, 뉴런 엉킴을 야기하는 타우 섬유는 뇌 뉴런들의 퇴화를 방지하기 위한 가능성 높은 표적으로 여겨진다. 특히 연구자들은 타우에 과도한 양의 인산염을 부여하는 키나아제를 막을 수 있는 억제제들을 설계하는 데 초점을 맞추고 있다. 그것은 섬유 형성의 필수 단계이다. 이런 노력들은 아직 임상 실험을 위한 후보 약물을 찾아주지 못했지만, 그런 약물들은 A-베타를 표적으로 하는 약물들과 상승작용을 할 가능성이 있어 보인다.

연구자들은 또한 심장병 위험을 줄이는 데 널리 이용되는 콜레스테롤 저하제 스타틴(statin)이 알츠하이머 치료제 역할도 할 수 있을지 연구하고 있다.

막힌 뇌를 뚫어라

알츠하이머와 싸우는 한 가지 전략은 뇌에서 A-베타의 독성 응집을 소거하는 것이다.

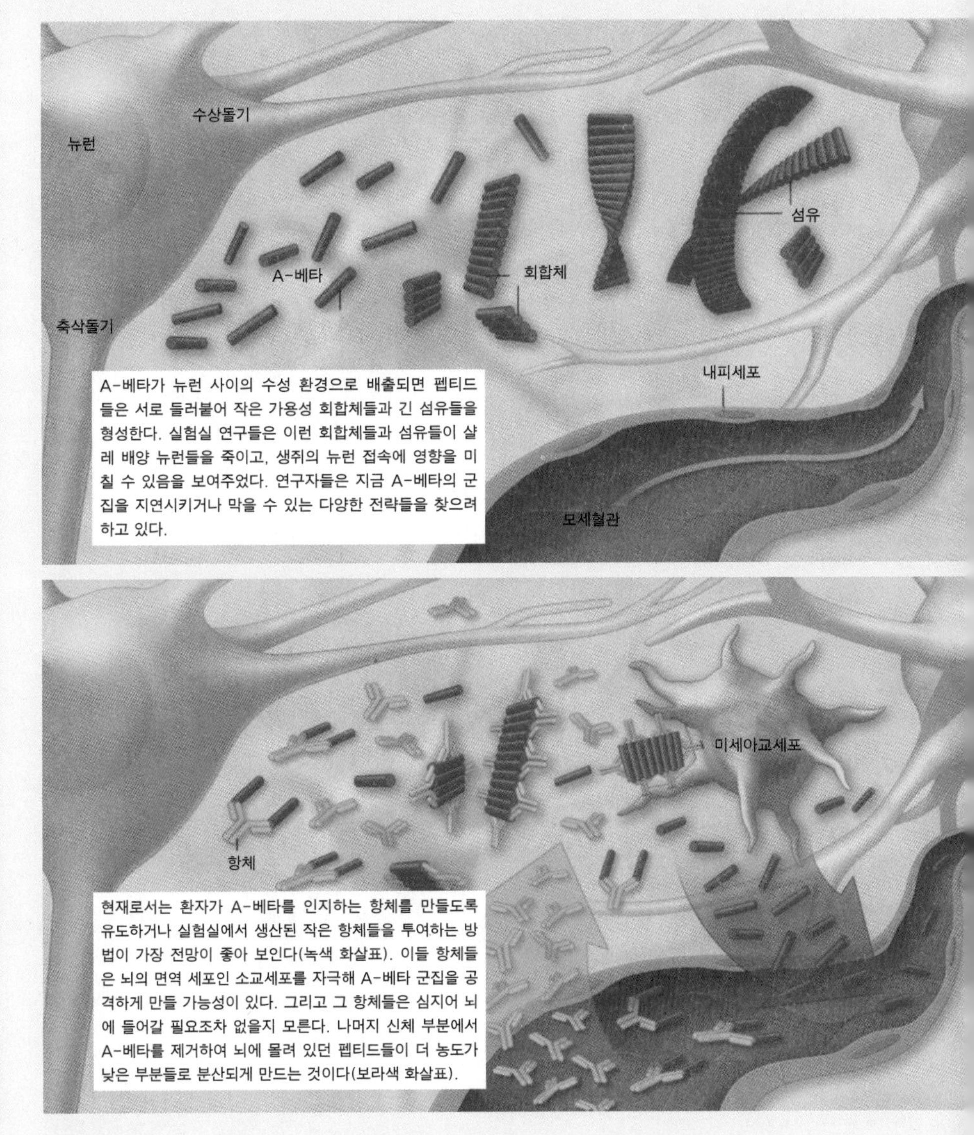

일러스트 : Tolpa

치명적 한 방

연구자들은 또한 알츠하이머 환자들에게서 아밀로이드 연쇄반응의 후기 단계를 막는 방법들을 연구하고 있다.

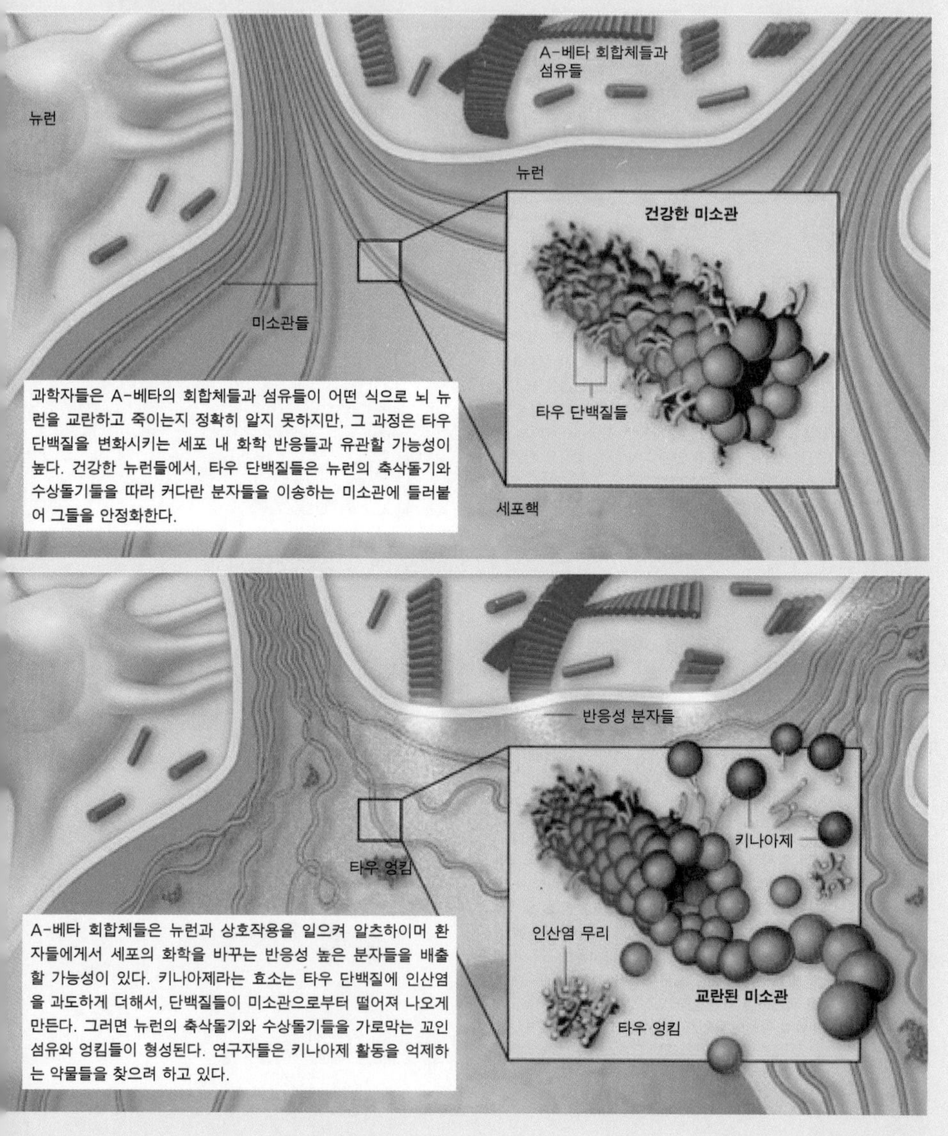

일러스트 : Tolpa

전염병학 연구 결과에 따르면, 스타틴 복용자들은 알츠하이머에 걸릴 위험성이 더 낮다. 이 상호 관계의 이유는 아직 불분명하다. 이 약물들은 콜레스테롤을 낮춤으로써 APP의 생산을 줄이거나, 어쩌면 관련된 세크레타아제의 활동을 억제함으로써 A-베타의 생산에 직접 영향을 미칠지도 모른다.

최근의 또 다른 짜릿한 발전상은 세포 치료와 관련이 있다. 마크 투신스키(Mark Tuszynski)와 캘리포니아대학교 샌디에이고캠퍼스의 동료들은 경증 알츠하이머 환자들에게 피부생체조직검사를 실시해 이런 세포들에 신경성장인자(NGF)를 만드는 유전자를 주입했다. 그리고 이 유전적으로 조작된 세포들을 수술을 통해 이 환자들의 전뇌에 이식했다. 이식된 세포들이 NGF를 생산하고 분비하여, 아세틸콜린 생산 뉴런들의 손실을 예방하고 기억력을 향상할 것이라는 생각이었다. 그 세포 기반 치료법은 다른 방식으로는 뇌에 침투할 수 없는 대형 단백질인 NGF를 배달하는 영리한 전략이었다. 비록 이 연구는 적은 수의 피험자들만을 대상으로 했고 중요한 통제가 부족했지만, 후속 연구는 환자들에게서 인지능력 저하를 늦추는 효과를 보여주었다. 임상 실험들을 계속 진행하기에 충분한 결과였다.

비록 이런 유망해 보이는 치료법들의 일부는 결국 기대한 결과를 내지 못할지라도, 과학자들은 뇌에서 뉴런의 점차적 손실을 효과적으로 늦추거나 멈출 수 있는 약물을 적어도 한 가지는 찾을 수 있으리라는 희망을 품고 있다. 그렇게 되면 몇백만 명의 사람들을 알츠하이머병의 돌이킬 수 없는 쇠락에서 구제할 수 있다. 그리고 잃어버린 정신적 기능들을 회복하는 재생성 의약품의 개발을 위한 토대를 마련할 수 있다.

A-베타를 표적으로 하는 방법이 알츠하이머의 발병을 막거나 초기 단계를 지연할 수는 있을지 몰라도, 더 진행된 상태를 치유할 수 있을지는 아직 불확실하다. 그래도 조심스럽게나마 낙관해볼 이유는 충분하다. 최근 쏟아지는 연구 결과들은 많은 연구자들에게, 알츠하이머를 예방하고 치유할 방법을 찾는 노력이 헛되지 않으리라는 확신을 주었다.

5-4 알츠하이머 : 어둠을 밀어내기

게리 스틱스 Gary Stix

콜롬비아 작가인 가브리엘 가르시아 마르케스는 마술적 리얼리즘의 걸작인 《백년의 고독》에서 독자들을 마콘도의 신비스러운 정글 마을로 데려간다. 자주 나오는 회상 장면에서, 주민들은 모든 기억을 지워버리는 병에 걸려 고생한다. 그 병은 "이름, 사물의 개념, 그리고 마침내 사람들의 정체성까지" 지워버린다. 그 증상은 한 떠돌이 집시가 기억을 되찾아주는 '연한 색' 음료를 가지고 나타날 때까지 마을을 지배한다.

마콘도 마을 사람들의 21세기판이라 할 만한 콜롬비아의 메데인과 그 부근 커피 재배 지역의 주민들 몇백 명은 어쩌면 현대판 집시의 약을 찾는 데 협력하게 될지도 모른다. 메데인과 그 근교는 세계에서 유전적 알츠하이머를 가진 사람들이 가장 많이 모여 사는 지역이다. 그곳 인구는 스물다섯의 대가족에 속한 5,000명으로 이루어져 있는데, 그들은 한 특정 유전자의 돌연변이 형태를 가진 경우 대체로 50세 이전에 조발성 알츠하이머에 걸렸다.

오로지 한 부모에게서만 지배적 유전 특성으로 물려받는 조발성 알츠하이머는 2006년의 전 세계 알츠하이머 발병 사례 2,700만 건 중 1퍼센트 이하에 해당한다. 그렇지만 그 대표적 표지인 뇌 병변은 더 흔한 만발성 알츠하이머의 경우와 동일해 보인다. 만발성은 65세 이후에 그 증상이 나타난다.

메데인에 사는 가족들의 알츠하이머 예측 가능성은 치매의 초기 신호들이 나타나기 전에 환자들에게 약물을 테스트할 혁신적 방법을 연구하던 과학자들과 제약사들의 이목을 끌었다.

최근 몇 년 동안 중증이 아닌 알츠하이머를 치유하기 위한 수많은 약물 후보들이 실패하면서, 연구자들은 알츠하이머 병변의 대부분(돌연변이 단백질의 침착과 뇌세포나 회로의 손실)이 기억 손실 증상이 뚜렷이 드러나기 한참 전에 시작한다는 설을 세웠다. 그 설은 첫 증상이 나타나기 몇 년 전에 그 병을 추적할 수 있는 새로운 기술들 덕분에 확정되었다. 따라서 치유가 성공을 거두려면 몇 년 앞서, 환자의 기억이 아직 멀쩡하지만 그 교활한 병이 이미 진행 중인 시기에 시작되어야 한다.

결과적으로 많은 알츠하이머 연구의 주요 취지는 증상이 나타나기 전에 억제하는 쪽으로 가고 있다. 단순히 약물뿐 아니라 10~20년 동안 처방 약물을 복용하는 것보다 더 안전하고 비용이 덜 드는 생활양식의 변화들 역시 그 방법에 속한다.

한 발 앞선 시작

콜롬비아의 알츠하이머 가족들은 예방 연구의 전초부대에 속한다. 그 가족들이 파이사(paisa) 돌연변이(파이사는 그 지역 사람들의 통칭이다)를 가졌다는 사실이 밝혀지기 몇십 년 전에 그들을 처음 만난 신경학자 프란시스코 로페라(Francisco Lopera)는 아직 건강한 가족들 몇백 명을 접촉하기 시작했다. 그는 그 질병 초기에 뇌세포를 손상하는 독성 단백질 파편들인 아밀로이드베타 펩티드의 응집을 제거하거나 멈춰줄 약물 실험에 참여하려는 그들의 의지를 이용하고자 한다. "이 가족들의 기여는 생애 초기 및 후기에 발생하는 알츠하이머의 치유와 예방책에 많은 빛을 던져줄지도 모릅니다." 로페라는 말한다.

그 실험은 알츠하이머예방이니셔티브(API)라는 더 폭넓은 프로젝트의 일환으로, 돌연변이를 가졌지만 아직 건강한 40대 피험자들에게 이미 알츠하이머 환자들에게서 안전성이 검증된 항아밀로이드 치료법(약물이나 백신)을 처방하기 시작했다. 그 약물이 아밀로이드 축적을 지연하는지를 판단할 수 있는 영상 연구에 필요한 방사성 추적자(radioactive tracer)를 만들기 위해, 메데인의 병원들이 공동으로 사용할 수 있는 사이클로트론(소립자 가속기)을 보낸다는 계획이 진행 중이다.

그 실험은 그 유전자를 가진 사람이 평균적으로 진단을 받는 나이보다 7년 앞서 치유법을 시행하면 그 병의 조용하고 돌이킬 수 없는 진행을 늦추거나 멈출 수 있을지 평가할 것이다. 콜롬비아 실험 기획자들은 특정한 치유법들을 시험하는 것을 넘어, 알츠하이머 특유의 생체표지들을 추적함으로써 한 실험적 치유법의 효과를 판단할 수 있을지를 확인하려는 계획도 세우고 있다. (생체표지란 한 질병의 진전이나 퇴보와 관련해 변화하는 계량 지표로, 특정 단백질의 농도 같은 것이 그 예다.) 일련의 안정적 생체표지들은 환자들을 보살피는 약물 연구자들과 임상의들로 하여금 명백한 증상들을 평가하기 위해 기다릴 필요 없이 그런 조용한 기준들의 변화들을 측정함으로써 해당 치유법의 효과를 비교적 빨리 평가하게 해줄 것이다. 그 유전자 보유자들이 반드시 발병하는 것은 아니지만, API는 알츠하이머 민감성을 높이는 변종 유전자인 APOE4를 두 개 가진 미국 거주민 집단에도 비슷한 실험들을 실행할 계획을 세우고 있다.

성공할 경우 API는 생체표지 기반 알츠하이머 예방 실험들이 통용되는 모델이 될 것이다. 어떤 약물이 어떤 질병을 예방한다는 사실을 입증하는 것은, 그 약물이 이미 병에 걸린 환자에게서 작용하는지를 확인하는 것에 비해 훨씬 더 많은 시간과 비용이 든다. "제약사는 효력을 확신할 수 없는 입증되지 않은 약물로 예방 실험을 하는 데 더 긴 시간을 투자하지 않을 겁니다." 알츠하이머협회의 수석 연구 책임자인 마리아 카릴로(Maria Carrillo)는 말한다.

제약사들은 일련의 생체표지들을 손에 넣은 지금 콜레스테롤 저하제 스타틴이 심장병을 예방하는 데 도움이 되고 있는지를 판단하기 위해 콜레스테롤 수치를 측정하는 내과 의사들과 같은 방식으로, 한 약물이 아밀로이드를 비롯한 생체표지의 수치를 변화시키는지를 검증할 수 있다. "증상 이전 치유를 더 한층 밀어붙일 필요가 있습니다. 그렇지 않으면 한 세대를 완전히 잃어버릴 수도 있습니다." 피닉스의 배너알츠하이머연구소 부소장인 에릭 M. 라이먼(Eric M. Reiman)은 말한다. 그는 동료인 피에르 N. 태리오트(Pierre N. Tariot)와 함께 API를 출범했다.

예방 실험들은 여전히 피할 수 없는 도전들을 앞에 두고 있는 듯하다. 약물 부작용들에 의한 장애들과, 아직 증상을 나타내지 않은 환자들에게 그 약물들이 제공할지 모를 혜택들을 저울질하는 것은 더 어려운 도전이다. 더욱이 조발성 알츠하이머에 도움이 된다고 입증된 약물이 조발성 유전자 돌연변이를 갖지 않은 환자에게도 효과를 발휘할지는 아무도 예측할 수 없다. 그렇지만 새로운 치유법을 찾아내야 한다는 시급함, 그리고 몇십억 달러 소득의 유혹은 예방 전략에 모멘텀을 제공해왔다. 2010년 1월 API 회합에서는 미국과 유럽의 제약사 및 생물공학 회사 19곳이 피닉스공항 호텔에 모였다. 학계와 산업계 공동 임상 연구 및 결과의 무상 공유를 위한 비경쟁적 협력 체계를 맺을 가능성을 점쳐보기 위해서였다.

알츠하이머의 몇 가지 치유법은 실제로 존재하긴 하지만 병의 진행을 늦추는 데 거의 도움이 되지 않는다. 진정으로 병을 개선할 수 있는 치유법이 있다면 환자들의 수요가 엄청날 것이다. 통계학자들은 21세기 중반이면 전 세계적인 알츠하이머 발병 사례가 지금의 네 배인 1억 700만 건에 이를 것이라고 예측한다. 알츠하이머의 발병을 5년까지 늦춰주는 치유법이 있다면 그 병으로 죽는 사람들의 수를 반으로 줄일 수 있을 것이다.

내 머릿속의 지우개

생체표지에 기반한 알츠하이머 예방 실험은 겨우 5년 전만 해도 헛소리로 일축되었다. 그런 노력이 결실을 맺게 된 것은 이제는 전 세계적으로 넘쳐나는 영상 촬영을 비롯한 기술들이 생체표지를 추적하여 근본적인 질병 과정의 본질을 드러낼 수 있게 되었기 때문이다. 미국 알츠하이머병신경촬영이니셔티브(ADNI)는 2004년 이래 알츠하이머 환자들을 대상으로 실험된 약물의 효과를 더 잘 평가하기 위한 방법들을 개발하고 있다. 그 목표는 곧 아직 실제 진단이 내려지기 전에 무슨 일이 일어나는가를 확인하는 것으로 확장되었다.

그 분야의 진보에 대한 한 흥미로운 보고서가 나온 것은 클리퍼드 R. 잭(Clifford R. Jack)이 알츠하이머의 한 진행 모델을 제시하고, 그것을 이 병리학을 추적하는 듯한 생체표지들과 연결했을 때였다. 잭은 ADNI에서 MRI로 탐지할 수 있는 생체표지 연구를 맡은 팀의 수장이다. 그는 자신의 연구 결과를 알츠포럼(Alzforum)의* 온라인 웹 세미나에서 그 분야의 수많은 선구적 연구자들을 비롯해 100명도 넘는 청중에게 발표했고, 전문지에도 실었다. 《사이언티픽 아메리칸》의 편집사를 지낸 준 기노시타(June Kinoshita)와 공동 창립한 알츠포럼은 아이디어를 교환하는 만남의 장소이자 연구 정보의 집결지이며, 아마도 가장 심도 있는 알츠하이머 연구 저널리즘의 원천일 것이다.

*알츠하이머 리서치 포럼.

잭은 웹 세미나에서 그 생체표지 측정치가 알츠하이머 진단을 가능케 하는 결정적 증상이 나타나기 몇 년 앞서 시작된다는 것을 보여주었다고 말했다. 이 시기(5~20년으로 추정되는) 동안 한 특정한 유형의 아밀로이드 펩티드가 뇌세포 바깥에서 축적되면서 뉴런의 접점인 시냅스에 손상을 입히기 시작한다. 피츠버그조영제-B(Pittsburgh imaging compound-B, PIB) 같은 방사성 추적 분자는 환자의 뇌 속 아밀로이드에 들러붙어 그 후 PET(positron-emission tomography)로** 촬영될 수 있다. 약자로 PIB-PET라고 하는 그 영상 촬영 기법은 이 응집 과정이 결정적 증상들이 나타나기 전에 약화되기 시작한다는 것을 보여주었다.

**양전자방출 단층촬영술.

아직 진단 전이지만 더 진행된 단계는 보통 뉴런에 구조적 지지를 제공하는 단백질의 한 유형인 타우가 세포의 틀에서 떨어져 나와 뒤엉키고 덩어리져 세포 안에서 대혼란을 일으키는 것이다. 타우 축적은 뇌척수액을 표본 검사함으로써 탐지할 수 있다. 아밀로이드베타의 감소 수치 역시 이 검사로 확인할 수 있는데, 그 현상은 뇌척수액에서 떨어져 나온 펩티드들이 뇌에 축적되면서 일어난다. 뇌척수액에서 아밀로이드베타가 감소하는 동시에 타우가 증가한다는 것은 질병 과정이 진행 중이라는 강력한 신호다.

환자가 알츠하이머로 진단받기 1~4년 전에는 경도인지장애라는 단계가 자리를 잡는다. 기억력 감퇴에서 잘못된 의사 결정까지 다양한 증상이 그 병의 특징이다. 경도인지장애는 알츠하이머 이외의 다른 원인들에서도 발생할 수 있지만, 알츠하이머 치매가 진행 중인 환자들에게서 일어나는 경도인지장애의 원인은 특정 뇌 영역 뉴런들의 손상이나 죽음이다. 그 손실은 시간이 지나면서 가속화된다. (주요 증상이 기억력 문제로 나타나는 환자는 흔히 알츠하이머로 진행된다.) 이 단계는 뉴런의 죽음에 의한 뇌 용적 축소를 측정하는 용적분석(volumetric) MRI라는 영상 촬영 방식으로 확인 가능하다. 아밀로이드가 증대되는 초기 증상을 포함한 연쇄적 사건들은 세포의 대사를 교란하고, 뉴런의 대사 상태를 측정하는 PET인 플루오르데옥시글루코스(fluorodeoxyglucose)-PET(FDG-PET)로 감시할 수 있다.

그래도 환자는 나아질 수 있다?

제약사들과 규제 기관들이 예방을 위한 임상 실험의 토대로 생체표지를 이용하는 데는 어려움들이 있다. 그리고 그 어려움들은 API와 다른 예방 연구들을 진전시키는 데 장벽이 된다. 알츠하이머 약물이 승인을 받으려면 플라세보보다* 환자에게 인지적 효과(기억, 언어 또는 관련 측정들에서)를 제공한다는 것을 보여주어야 한다.

*어떤 약물의 효과를 시험하거나 환자를 일시적으로 안심시키기 위해 투여하는 속임약.

한 예방 연구에서 증상들 대신에 생체표지를 추적한다면, 연구자들은 그 측정치들이 피험자가 치매로 발전할 가능성을 진정으로 예언하는지를 확실히 알아야 한다. 예를 들어 아밀로이드베타가 알츠하이머 발전에 기여한다는 것을 짐작케 하는 증거들이 많긴 하지만, 연구자들은 아밀로이드베타 수치를 바꾸면 결국 치매를 예방할 수 있을지 아직 확실히 알지 못한다.

사실 한 아밀로이드 치료법의 초기 실험에서는 일부 환자들에게서 그 펩티드 수치가 감소했지만, 인지능력이 개선된 증거는 거의 없었다. "우리는 예상한 방식으로 한 생체표지에 영향을 미치는 약물을 찾아냈는데, 그것이 환자의 전체적 임상 상태에 영향을 미치지 않는 상황을 우려하고 있습니다." 식품의약국의 신경약품 부서를 맡고 있는 러셀 캐츠(Russel Katz)가 말한다. "다시 말해 병이 계속 진행되고 더 좋아지지 않는다는 거지요." 캐츠는 임상 실험에서 생체표지를 아우르는 더 나은 접근법은, 우선 아밀로이드나 다른 생체표지의 수위를 낮추면 경도인지장애 환자나 알츠하이머 초기 진단을 받은 환자들에게 도움이 된다는 증거를 찾는 것이리라고 말한다. 그리고 증상 없는 사람들에서 생체표지들을 사용하는 방법은 그다음에나 시도해야 할 것이다. "제 생각에 그것을 달성하는 가장 좋은 방식은 이미 증상이 있는 환자들로 시작하는 겁니다. 아주 초기 환자들에서 시작해 역순으로 되밟아가는 거죠." 캐츠가 말한다.

그렇지만 컬럼비아 예방 시험의 연구자들은 이미 생체표지들을 이용해 기억력의 미묘한 변화를 탐지할 수 있으며, 따라서 캐츠의 우려를 누그러뜨릴 수 있다고 주장한다. 그리고 라이먼은 자기 연구팀의 작업을 언급하면서, 그것이 또 다른 면에서 규제 기관의 우려를 누그러뜨릴 가능성을 이야기한다. 그 연구에서 APOE4 변종 유전자를 가진 사람들은 어떤 눈에 띄는 인지능력 저하가 나타나기 여러 해 전에 심리 검사에서 기억력 점수가 약간 떨어졌다. 이런 정도의 민감성을 감안할 때, 라이먼의 말에 따르면, 예방 실험에서 인지능력 검사와 생체표지 측정치를 나란히 적용하기만 해도 실제 아밀로이드 수치 저하가 치매를 피할 가능성으로 이어지는지를 확인할 가능성이 있다. 그러나 현재로서는 아직 확신이 더 필요하다고 캐츠는 말한다. "비록 인지능력이 감퇴하고 있다고 해도, 이런 환자들이 실제로 알츠하이머를 발달시킨다는 증거가 있습니까?"

일부 회사들은 이미 생체표지를 사용하는 방식을 더 잘 이해하려고 노력하고 있다. 브리스톨마이어스스퀴브(BMS)는 그간 어떤 환자들이 알츠하이머로 발전할 가능성이 높은지를 예측하기 위해 경도인지장애 환자들의 척수액 표본을 분석해왔다. 낮은 아밀로이드베타 수치와 높은 타우 수치를 보이는 사람들을 대상으로 감마-세크레타제라고 불리는, 아밀로이드베타 펩티드 생산에 관여하는 효소를 막는 약물 실험을 실시하면 도움이 될지도 모른다. "알츠하이머의 병리생리학과 관련된 생체표지를 갖지 않은 사람은 우리 연구의 치료 부문에 등록할 수 없습니다." BMS의 글로벌 과학 임상 연구의 의학 부장인 블라드 코리치(Vlad Coric)가 말한다. 알츠하이머 진단을 받을 가능성이 높은 환자들만을 대상으로 할 수 있다면, 그 약물이 실제로 작용할지를 평가할 수 있을 것이다. 만약 알츠하이머를 발선시킬 가능성이 더 적은 사람들이 포함된다면, 그 결과는 덜 명확해질 것이다. "우리는 장래를 내다보고 약물 실험을 그보다 더 일찍 시도할 수도 있습니다. 증상 이전 단계에서요." 코리치는 덧붙인다.

인지 상점

API의 중심에 있는 콜롬비아 알츠하이머 가족들은 또 다른 혁신적 예방 접근법에도 영감을 주었다. 20년 가까이 콜롬비아 가족들과 함께 연구를 해왔으며 파이사 돌연변이를 파악하는 데 기여한 신경과학자 케네스 S. 코식은 얼마 전에 캘리포니아 주 샌타바버라의 주거 지역에 이른바 '인지 상점(cognitive shop)'을 차렸다. 로페라와 콜롬비아 가족들을 API에 참여시킨 메데인의 그 중요한 회의를 준비한 사람이 바로 코식이었다.

공식적으로는 인지건강과혁신치료연구소(Cognitive Fitness & Innovative

Therapies, CFIT)로 알려진 인지 상점은 이따금 완전한 알츠하이머로 발전하는 가벼운 기억력 문제들을 가진 사람들과, 건강에는 문제가 없지만 우려를 가진 사람들이 의지할 수 있는 곳이다. 지중해 양식으로 지어진 그 연구소는 치매의 두려움을 떨치고 싶은, 또는 실제로 치매가 찾아왔을 때 더 잘 버티고 싶은 사람들에게 이제껏 가장 확실한 증거들을 바탕으로 생활양식 변화에 관한 충고를 제공한다.

코식은 메데인의 중앙병원 근방의 더 소박한 외래환자용 클리닉인 카사 네우로시엔시아스(Casa Neurociencias)에* 착안해 CFIT를 계획했다. 그는 그곳에서 로페라와 함께 연구하면서 많은 시간을 보냈다. 파이사 돌연변이를 지닌 알츠하이머 환자들과 몇십 명의 가족들은 그 클리닉의 열린 공간에서 하루를 보내기 위해 먼 시골에서부터 버스를 타고 찾아오곤 했다. 그곳의 의료 직원들과 가족들은 서로를 쉽게 접할 수 있었다. "의료 시스템이 그다지 발달하지 못한 그곳에 오히려 더 나은 보살핌과 보조 서비스들이 존재한다는 것이 놀라웠습니다." 코식이 말한다.

* '신경과학의 집'이라는 뜻.

코식은 2004년에 캘리포니아대학교 샌타바버라캠퍼스로 옮기기 전에 하버드의과대학에서 브리검여성병원의 기억력 장애 클리닉을 공동 개설했는데, 그는 이 여행 동안 하버드의 임상 효율성보다 이곳 분위기에 더 점수를 주게 되었다. "사람들이 클리닉을 찾아오면, 우리는 '예, 알츠하이머 같군요' 하고 말하고 그걸로 끝이라는 사실이 갈수록 절망스러웠거든요." 그는 말한다. "우리는 환자들을 보고 6개월마다 후속 치료를 하지만, 쇠퇴를 기록하는 것 말고는 그다지 할 수 있는 일이 없었습니다."

CFIT는 카사네우로시엔시아스의 편안한 분위기에다 생활양식 권고 사항들을 결합한 곳으로, 그런 권고 사항은 대부분 행동을 바꾸면 인지능력이 개선될 가능성을 보여주는 최근 전염병학이나 동물 연구들에서 나온 과학적 증거들을 바탕으로 한다. 그런 증거들은 여전히 진화하고 있다. 전염병학자들은 한 선택된 그룹을 추적해, 운동이나 식단이나 다수의 다른 활동들이 알츠하이머 같은 질병의 위험을 줄여주는지를 확인한다. 비록 결정적 결론을 내리려면 좀 더 엄격한 연구 유형들이 필요하겠지만 말이다.

의뢰인('환자'라는 말은 절대 쓰지 않는다)은 육체적 · 생리적 검사를 받은 후에 지중해식 식단(건강에 좋은 지방 및 다량의 과일과 채소 섭취), 에어로빅 운동, 온라인 뇌 운동 게임들을 포함한 맞춤 권고 사항들을 제공받는다. 그 연구소는 하버드 제휴 기억력 클리닉 같은 곳에서는 아직 표준 실천이 되지 않은 몇 가지 활동들을 채택한다. 인지심리학자인 토니 키들랜드(Tony Kydland)는 환자들이 자신의 의료 관리에 좀 더 통제력을 가지려 하는 새로운 시대의 현실을 수용하여, 사람들을 인터넷 의학 정보의 정글로 안내하는 '내비게이터' 역할을 한다. 어둡게 한 회담장의 한 벽에 웹브라우저 화면을 투사하고, 환자들에게 뇌세포를 보호한다고 하는 커큐민(curcumin) 등의 식이보충제에 관련된 임상 실험이나 최근 연구들을 한 페이지씩 설명과 함께 훑어준다. 한 화합물과 다른 화합물에 관한 연구 결과를 비교 설명하기도 한다.

CFIT의 서비스 중에는 논란의 여지가 있는, APOE4 변종 유전자 검사 결과를 제공하는 것도 있다. 의뢰인은 검사를 받기 전에 우선 그 결과를 알게 된다는 것이 어떤 의미인지 설명을 듣는다. 만약 양성이면 형제들과 자녀들 또한 같은 유전자 변종을 가졌으며, 따라서 더 위험하다는 뜻이다. 의료 단체들은 그 검사를 권하지 않는데, 왜냐하면 자신의 유전자 상태를 안다고 해서 알츠하이머 발병 여부를 정확히 알 수 있는 것은 아니기 때문이다. 물론 효과적인 치유법도 존재하지 않는다.

해로운 타우 단백질에 대한 초기 논문들 중 한 편을 공동 저술한 코식 교수는 자신이 별난 생각을 지지하는, 논란의 여지가 있는 내과 의사로 여겨져왔다는 사실을 부정한다. 캘리포니아대학교 샌타바버라캠퍼스에 있는 그의 실험실은 아직도 타우 단백질과 다른 복잡한 기본 생물학 관련 연구들을 진행하고 있다. CFIT의 목적은 API를 비롯한 연구팀들이 효과가 입증된 약물이나 다른 수단들을 발견할 때까지 그 간극을 메우려는 것이다. "우리가 여기서 제공하는 해법들은 결국 최고의 해법이 아닙니다." 코식이 말한다. "그렇지만 감염을 치유하는 페니실린처럼 그 질병을 치유하는 약물이 언제 나타날지 우리는 알 수 없습니다. 사람들에게 5년이나 10년 후쯤이면 될 거라고 말하는 것은 무책임하다고 생각합니다. 왜냐하면 우리도 모르거든요."

앞으로 몇 년 동안 CFIT의 예방 접근법은 정부의 지원을 받는 엄격한 임상 실험들을 통해 더 면밀한 검사를 받을 것이다. 그 임상 실험들은 식단과 운동이 질병을 실제로 늦출 수 있는지, 아니면 전염병학적 증거들이 그저 통계적 요행인지를 알아내기 위해 설계되었다. 생활양식 연구에 관한 주요한 질문이 하나 있다. 하버드의과대학 신경학과 부교수인 라이사 스펄링(Reisa Sperling)에 따르면, 그 개입들이 현재 뇌 기능이 정상인 사람들에게 이미 알츠하이머 관련 변화들을 보이는 사람들에 비해 다른 효과를 발휘하느냐 하는 것이다. "이런 개입들의 일부는 위험을 줄일지도 모릅니다. 하지만 이미 무언가가 시작됐다면, 즉 그 유전자를 가졌고 이미 아밀로이드가 뇌에 가득하다면 이런 개입들이 그 진행을 늦추는 데 별 효과를 발휘하지 못할지도 모릅니다. 따라서 그들이 실제로 효과가 있는지를 확인하려면 생체표지들을 이용해 이런 생각들을 검증하는 것이 중요합니다."

결국 PET 기술이나 요추천자가* 올리브, 염소 치즈, 그리고 하루 30분의 트레드밀 달리기가 인지능력을 지키는 데 도움이 될지, 아니면 그저 헛된 소망일지를 판가름해줄지도 모른다. 그런 생체표지들이 실제 유용하다고 입증되면, 생물학적이고 행동적인 연구가 마침내 알츠하이머 예방을 위한 진정한 과학의 영역으로 함께 들어오게 될 것이다.

*뇌척수액을 뽑기 위해 허리에 긴 바늘을 찔러 시행하는 검사법.

6

장수를 찾아서

6-1 100세는 새로운 80세인가?

바바라 준코사 Barbara Juncosa

백세인들, 곧 100세 이상까지 사는 사람들은 연구자들이 더 길고 더 건강한 삶으로 가는 열쇠를 찾도록 도와줄지도 모른다. 그 장수 그룹을 연구한 과학자들의 말에 따르면, 백세인들은 노년기에도 질환에서 보호해주는 유전자를 가졌을 가능성이 높기 때문이다.

미국에서는 1만 명 중 한 명이 100세에 도달한다. 2008년 현재 미국의 백세인은 6만 명 정도로 추산된다. 그리고 110세를 넘은 사람들은 최고 70명이다. 지난 10년 동안 연구자들은 종종 독립적으로, 그리고 큰 장애 없이 생활하는 이런 사람들이 90대까지, 또는 그보다 더 오래 산다는 사실에 경이로워했다.

그들의 비범한 장수 비결을 더 잘 이해하기 위해 과학자들은 백세인들을 모집해 신체적·유전적 검사를 실시했다. 연구자들이 특히 관심을 가진 부분은 그 고령인들의 일부가 비만과 심한 흡연 전력이 있다는 점이었다. 그렇지만 이런 위험 요인들에도 불구하고 대다수 백세인들은 삶의 마지막 몇 달 전까지, 그리고 일부는 마지막 숨을 쉬는 순간까지 건강을 유지했다.

비록 거기에 순전한 운도 한몫했으리라는 점은 의문의 여지가 없지만, 뉴욕에 있는 알베르트아인슈타인의과대학의 니르 바르질라이(Nir Barzilai)는 "유전적 요인을 뒷받침하는 놀라운 가족력도 있습니다"라고 말한다. 사실 백세인에게 고령의 친척이 있을 확률은 평균 인구의 20배에 이른다고 그는 덧붙인다.

이제 목표는 "개인들 사이에서 장수와 관련된 유전자들, 또는 유전자 계통들 간의 미묘한 유전적 차이점을 찾는 것"이라고, 캘리포니아의 로렌스버클리국립연구소 수석 과학자인 주디스 캄피시는 말한다. 노화의 기저에 놓인 생물학을 이해한다면, 장래에 건강한 노화를 촉진하고 암, 관절염, 당뇨, 고혈압과 심장병 같은 일부 노화 관련 질환들을 늦춰줄 약물을 개발할 수도 있을 것이다.

노화를 늦추기 위한 최초의 유전적 실마리는 동물 모델들로부터 등장했다. 개별적 유전자들이 평균수명에 미치는 영향을 검사한 결과였다. 이들 초기 연구를 바탕으로, 인슐린(세포에게 당을 흡수하라는 신호를 내리는, 췌장에서 분비되는 호르몬)과 그 수용체들이 효모나 균류에서 인간에까지 이르는 다양한 종들의 장수에 핵심적이라는 사실이 명확해졌다.

하와이대학교의 노화학 전문가 브래들리 윌콕스(Bradley Willcox)에 따르면, 인슐린은 "우리가 얼마나 효율적으로 음식을 에너지로 바꿀 수 있는가에 큰 영향을 미치는 생물학적 경로"의 핵심이다. 그의 팀은 인슐린 신호 체계 유전자의 한 변종인 FOXO3A를 가진 95세의 한 일본인 남성에게서 높은 에너지 효율과 더 높은 인슐린 민감성 같은 특징을 발견했다. (2008년 현재 2,400만 명의 미국인이 인슐린 저항성을 특징으로 하는 2형 당뇨병을 겪고 있다.)

백세인들의 혈액검사 또한 더 이상의 연구를 위한 솔깃한 표적들을 내놓았다. 바르질라이는 백세인들의 고밀도 지단백질이나 이른바 좋은 콜레스테롤로 불리는 HDL의 수치가 더 높고 입자가 더 크다는 것을 발견했다. 유전 검사 결과 아쉬케나지 유대인에* 속한 백세인 중 24퍼센트가 CEPT(콜레스테롤 대사에 중요한 효소) 유전자의 한 변종을 가졌음이 밝혀졌다. 그 변종은 혈중 단백질 CEPT의 수치를 줄이고, 고혈압과 심혈관계 질환 및 기억력 손실의 위험을 낮춘다.

*주로 동유럽권에 거주하던 유대인들.

제약업계에서는 HDL 수치를 높이고 환자들을 심장병에서 보호하기 위한 방법으로, CEPT 억제제를 개발하려 노력해왔다. 화이자의 토르세트라핍(Torcetrapib)은 그런 약물 중 하나였지만, 2006년 심장병을 비롯해 암과 감염 같은 합병증에 의한 사망 위험을 높인다는 사실이 밝혀지면서 임상 실험이 중단되었다.

그러나 필라델피아에 있는 펜실베이니아의과대학의 심장병학자인 대니얼 레이더(Daniel Rader)는 다른 CEPT 억제제들의 효과를 믿는다. 그는 토르세트라핍의 실패가 "CEPT 억제와는 무관한, 혈압에 미치는 영향들" 때문이었을 수 있다고 생각한다. 의약업계의 거물인 머크는 현재 새로운 CEPT 억제제인 아나세트라핍(Anacetrapib)을 실험 중이지만, 레이더는 그 수명 연장 효과가 단순히 심장병 발병 위험이 낮아진 덕분일 수 있다고 주의를 준다. 심장병은 미국에서 사망 원인 1위를 차지한다.

보스턴대학교의 '뉴잉글랜드 백세인 연구'를 지휘하는 토머스 펄스

(Thomas Perls)는 백세인들의 "전체 게놈의 유전적 변종들의 비율을 살펴보는" 좀 더 확장적인 유전 연구들이 진행 중이라고 말한다. 과학자들은 100만 개도 넘는 유전자 변종들을 살펴봄으로써 혈액검사와 동물 실험으로는 분명히 드러나지 않는, 장수 연구를 위한 표적 유전자들을 추가로 찾아내기를 희망한다.

비판하는 측에서는 건강한 노화를 촉진하는 어떤 공통 요인들을 콕 집어내기에는 백세인들이 유전적으로 너무 다양하다고 주장하고, 펄스는 그 연구에 논쟁의 여지가 있다는 사실을 인정한다. 하지만 그는 백십세인들(110세를 넘어서까지 사는 사람들)이 백세인들에 비해 공통적인 유전 요인들을 더 많이 가졌다는 점을 지적한다. 따라서 그들에게서는 보호 유전자 변종을 발견할 확률이 더 높을 수도 있다.

"우리는 이미 대부분 사람들이 건강하게 80대에 도달하는 데 무엇이 필요한지를 알고 있습니다." 펄스가 말한다. 금연하고, 운동을 하고, 균형 잡힌 식사를 하고, 스트레스를 덜 받는 것이다. "관건은 사람들을 88세에서 100세로 데려가는 겁니다." 펄스가 덧붙인다. "하지만 마법의 탄환 같은 건 없을 겁니다."

6-2 우리 모두가 100세까지 살려면

캐서린 하먼 Katherine Harmon

100여 년 전 미국인의 평균 기대수명은 약 54세였다. 어려서 죽는 아이들이 많았고, 출산은 여자가 할 수 있는 가장 위험한 일에 속했다. 그렇지만 백신 접종과 항생제와 위생 시설, 그리고 임신과 출산에 대한 의료 관리가 진보하면서 우리는 이제 젊어서보다는 늙어서 죽을 확률이 훨씬 높다. 오늘날 태어나는 유아는 아마도 78세 생일을 살아서 맞을 수 있을 것이다.

저승사자에 맞서 쉬운 승리를 거두던 시절은 이제 지나갔다. 갈수록 더 오래 살게 되면서, 사람들은 인간 수명의 궁극적 한계선을 지키려는 두 큰 세력에 직면한다. 하나는 더 늘어난 수명만큼 신체 세포와 조직의 손상 축적도 늘어난다는 것이다. 그리고 더 느려진 세포 보수 시스템은 그 손상을 고칠 수 없을 것이다. 게다가 나이는 연구자들이 그간 상당히 무력감을 느껴온 흔하고 치명적인 질병, 즉 암과 심장병과 알츠하이머 같은 질병들의 가장 큰 위험 요인이다.

따라서 인간 수명의 한계를 밀어붙이려 노력하는 연구자들은 이렇게 묻는다. 이런 두 힘들 중 우리는 어느 쪽에 연구비를 걸어야 하는가? 노화를 늦추는 것과 개별적 질병에 맞서는 것, 어느 쪽이 더 효과적인 전략인가? 다시 말해 우리 대부분은 늙기 때문에 죽는가, 아니면 병들기 때문에 죽는가?

질병에 맞서는 방법을 지지하는 과학자들은 단편적 접근법이 100세 이상의 수명을 달성하는 데 가장 도움이 될 가능성이 높다고 주장한다. "우리가 암이나 심혈관계 질환 등의 주된 사망 요인에 초점을 맞출 수 있다면, 그런 질병들을 진정으로 정복하고 낡은 신체 부위들을 대체할 수 있다면, 그것이 가능한 한 가장 좋은 결과일 겁니다." 잉글랜드 옥스퍼드인구노화연구소의 노화학 연구자인 새러 하퍼(Sarah Harper)는 말한다. 우리가 지속적으로 암이나 심장병과 맞서 싸울 수 있다면, 그리고 연구실에서 맞춤조직을 배양하는 것 같은 줄기세포 기술을 발전시킨다면 그리 멀지 않은 미래에 100세, 어쩌면 120세까지 비교적 건강하게 살기를 기대해도 무리가 아닐 것이라고 한다.

이 모델을 통해 실제 수명을 확장하려면 신체의 자연적인 노화 과정을 바로잡는 법을 알아내야 한다. 과학자들은 이미 줄기세포를 사용하여 전체 기도와 아래턱뼈를 배양했다. 만약 연구가 하퍼와 그 분야의 다른 연구자들이 기대하듯 빠른 진보를 보인다면, 약해진 조직과 기관과 뼈들을 대체하는 것들은 곧 공상과학 영역을 벗어나게 될 것이다. "우리가 작은 기술에서 이루고 있는 진보들(유전학에서, 줄기세포 연구에서)은 수명의 한계를 밀어붙이는 종류의 진보들입니다." 그녀는 말한다.

한편 다른 연구자들은 우리가 노화 과정 그 자체와 맞서 싸워야 한다고 주장한다. 일리노이대학교 시카고캠퍼스 공공보건대학원의 연구자인 S. 제이 올섄스키(S. Jay Olshansky)는 아무리 암을 치유할 수 있어도 심장병이나 알츠하이머, 아니면 적어도 근육 퇴행의 위험은 사라지지 않는다고 말한다. 마찬가지로 재생 의학은 한 번에 오로지 한 조직의 문제만을 해결할 것이다. "새로운 식도가 있으면 참 좋겠죠." 그가 말한다. "하지만 그것은 신체의 다른 부분에는 영향을 미치지 못합니다."

우리가 분자 수준의 노화 과정을 늦출 수 있다면 상황이 달라질 것이라고 올샌스키는 말한다. 그의 접근법은 그저 한 조직이나 시스템이 아니라 전체로서의 뇌와 신체를 표적으로 한다. 그와 동료들은 이른바 '맨해튼식 노화 지연 프로젝트'를 출범했다. 그 프로젝트는 전체적으로 건강한 삶을 7년 더 연장한다는 것을 목표로 삼고 있는데, 아마 앞으로 10~20년이면 쉽게 달성할 수 있을 것이라고 한다. 그리고 질환의 위험은 약 7년마다 두 배로 뛰어오르기 때문에, 올샌스키의 추론에 따르면 노화를 7년 늦춤으로써 우리는 질병 위험을 대략 절반으로 떨어뜨릴 수 있다.

그는 오래전부터 인체의 자연스러운 생물학적 유통기한을 약 85세로 설정했다. 그 무렵이면 우리 세포가 대체로 극복 불가능한 정도의 산화 스트레스를 겪은 후다. DNA, 단백질들, 그리고 다른 중요한 세포 구성 성분들을 해치는 산소 유리기들이 그런 손상을 초래한다. 올샌스키와 동료들은 신체적 · 정신적으로 좋은 건강 상태를 유지하면서 100세나 110세까지 사는 그런 드문 초장수자들을 연구하고 있다. 그가 본 바에 따르면, 이런 사람들은 어쩌면 이미 더 느린 속도로 세포 노화를 겪고 있을 가능성이 있다. 그들의 세포는 산화 스트레스에 대한 적응력이 더 높을 수 있다. 그것을 가능케 하는 유전적 고리를 포착한다면 인체 전체에 영향을 주는 항노화 치료법을 개발할 수 있을지도 모른다.

건강한 식단을 섭취하고 운동을 하라는 흔한 충고를 넘어선 노화의 '치료법'은 어쩌면 결국 알약 형태로 출현할지도 모른다. 하지만 신체의 노화 과정을 늦추는 데 일조하는 화합물 같은 복잡한 것을 개발하려면 본격적인 과학적 노력이 필요하다. 그것은 더러 분자와 생쥐 수준에서 다시 시작해야 한다는 뜻일 수도 있다. 므두셀라재단에서 후원하는 엠프라이즈(Mprize)는 생쥐의 최장수 기록을 세우는 연구팀에게 상을 준다. 현재 우리의 후보 화합물은 라파마이신으로, 칼로리 제한이 하는 것과 동일한 세포 경로를 따라 작용한다. 라파마이신과 칼로리 제한 둘 다 생쥐의 수명을 연장한다는 것이 입증되었다. 그러나 많은 다른 만병통치약들과 마찬가지로 라파마이신은 문제점이 없지 않다. 그 약물은 면역 체계를 억제하므로, 빠른 시간 안에 대대적인 신제품 발표회를 열게 될 전망은 보이지 않는다. 그리고 실제로 경계심을 품게 하는 이야기들이 많다. 이전에 항노화 분야의 큰 희망이었던 레스베라트롤, 다른 말로 '적포도주' 약은 최근 연구들에서 신뢰를 잃었다. 장수 분야의 모든 사람은 라파마이신이 설치류에게서 보이는 효과를 인간에게서 보여줄 것이라고 기대하고 있지도 않다.

사실 수명 연장 연구는 오래전부터 가짜 약과 반짝하고 사라져버린 희망들로 넘쳐나는 사이비과학의 벽촌 신세였다. 올샌스키와 하퍼 둘 다 우리가 곧 150세, 그리고 그 너머까지 살 수 있게 되리라는 주장을 경계한다. 결국 대다수 사람들이 수명을 연장할 수 있는 가장 성공적인 방법은 아마 앞서 말한 모든 전략을 종합하는 것일 가능성이 높다. 우리에게는 더 나은 질병 치료와 분자 수준의 진보, 재생 의학과 건강한 생활양식이 필요할 것이다.

장수와 질병 연구에 아무 특별한 과학적 혁신이 없다 해도, 우리의 느리지만 꾸준한 과학적 진보(건강관리와 위생의 진보들은 말할 것도 없고)는 계속해서 우리의 수명을 늘려준다. 전 세계적으로 해마다 평균 기대수명이 3개월씩 증가한다. 그 정도면 괜찮은 수익률이라 할 수 있다. 심지어 유럽 같은 선진 지역들에서도 10년마다 수명이 약 2년씩 계속 늘고 있다. 운이 따라준다면, 그리고 연구에도 더욱 박차를 가한다면 지금부터 한 세기를 사는 사람들은 우리의 기대수명을 불쌍하리만큼 짧다고 여기게 되리라.

6-3 항노화 약물들을 위한 탐색이 주류에 오르다

데이비드 스팁 David Stipp

노화 연구에 관해 강의를 할 때면 흔히 받는 질문이 있다. "언제쯤이면 과학자들이 진짜 항노화 약물을 개발할까요?" 그렇지만 내 대답은 실험실에서 일어나고 있는 일들과는 그다지 관련이 없다. 그것은 정치와 인식, 그리고 돈의 문제다.

여러 종들이 노화 속도의 변화 가능성을 보여준다는 사실은 이미 오래전부터 명확히 밝혀졌고, 2009년에 라파마이신이라는 약물이 생쥐에게서 최대수명을 확장할 수 있음이 입증되면서, 이제는 실제로 광고처럼 작용하는 항노화 약물들을 개발하는 것이 기술적으로 가능해진 듯했다. 그러나 불행히도 업계에서는 그 실현에 대한 관심을 보이고 있지 않다.

왜 그런지 들여다보기 전에, 항노화 약물들을 개발해야 하는 가장 강력한 이유들을 생각해보자. 그것은 많은 사람들의 생각과 다르다. 선진국에서 노화는 알츠하이머에서 암, 그리고 심장병까지 죽음에 이르는 거의 모든 질병의 주된 위험 요인이다. 따라서 노화를 늦출 수 있다면, 나이가 들면서 우리 정신과 육체에 일어나는 모든 문제를 전례 없이 뒤로 미룰 수 있을 것이다. 우리가 지금 라파마이신으로 생쥐에게서 달성한 성과들을 인간에게 적용할 수 있다면, 어쩌면 중년의 활력을 10년은 더 오래 유지할 수 있을지도 모른다. 랜드연구소(RAND Corp.)의 한 연구에 따르면, 우리 생물학적 시계를 그 정도로 늦춰줄 수 있는 항노화 약물들은 연구자들이 달성하려고 노력해온 다른 어떤 의학적 진보보다 더 적은 비용과 더 높은 효과로 우리가 좋은 건강 상태로 보낼 수 있는 시간을 늘려줄 것이다. 그러니 목표는 불멸이나, 심지어 수명의 대단한 연장도 아니다. 우리 삶의 질을 헐값에 극적으로 확 끌어올리는 것이다.

그렇지만 제정신을 가진 제약사 중역이라면 항노화 약물을 개발하는 꿈조차 꾸지 않을 것이다. 어느 정도는 수명을 연장하려는 노력이 늘 가짜 약과 연관되어온 탓도 있다. 그러나 더욱 큰 문제는 그런 약물들을 시판할 수 있도록 공식 허가를 주기 위한 규제 자체가 존재하지 않는다는 것이다. 공식적으로 노화는 의료를 통해 치료해야 하는 질환으로 여겨지지 않는다. 그리고 항노화 약품들을 수익성 높은 처방 약품으로 판매할 가망이 없다면, 제약사로서는 그것들을 개발하고 검증하느라 몇십억 달러를 들일 만한 인센티브가 전혀 없다. 결코 투자를 회수하지 못할 테니까.

이른바 항노화 약물을 심사하는 것은 엄청난 난관이 될 텐데, 왜냐하면 우선 실제로 그런 약물이 인간 노화를 늦추어주는지 검사할 방법을 만들어야 하기 때문이다. 다양한 생리학적 주요 변수들을 장수와 관련된 패턴들로 해석하여(이를테면 중년의 놀랍도록 낮은 혈중 인슐린 수치) 노화에 따른 수많은 질병들의 위험 저하 효과를 입증하는 것도 한 방법일 것이다. (약물들이 실제로 수명을 연장해주는지를 확인하기 위해 몇십 년 단위의 실험을 한다는 것은 그냥 불가능한 이야기다.) 제약사들은 그런 도전을 감당할 수 없으므로, 그런 면에서 상당한 진보를 달성하려면 아마 국가적 자금 지원이 필요할 것이다.

국립노화연구소의 일부 직원들과 저명한 자문위원들은 공공 보건을 향상할 수 있는 항노화 약물의 막대한 잠재력에 열의를 보인다. 사실 몇 년 전에 국립노화연구소의 창립 이사인 고 로버트 N. 밀러(Robert N. Miller)는 다른 두 선견지명 있는 노화학자들과 함께 연방정부에 그런 약물의 개발을 가속화할 대규모 프로그램을 설립하고, 더불어 임상 실험들과 임상 전 연구를 위한 자금을 지원해줄 것을 촉구했다.

그렇지만 세금을 그런 프로그램에 투자한다는 생각은 쉽지 않은 것으로 드러났다. 노화학자인 리처드 A. 밀러(Richard A. Miller)의 말마따나, "암에 전쟁을 선포하는 대통령은 정치적 점수를 얻지만, 인간의 수명을 늘리는 연구에 정부 자원을 투입하는 대통령은 정신이상자로 여겨질 것입니다."

그 말에 바로 우리의 근본적 문제가 있다. 노화에 제동을 거는 능력이 이제 손을 뻗으면 닿을 곳에 있다는 사실을, 그리고 거의 한 세기 전에 백신과 항생제가 등장한 이후로 약간만 효과가 있는 항노화 약물도 공공 보건 부문의 큰 진보를 약속한다는 사실을 제대로 알고 있는 사람(정책 입안자와, 그들이 자문하는 의료 전문가들을 포함해서)이 거의 없어 보인다는 것이다. 사실 나는 대다수 사람들이 여전히 노화를 바꿀 수 없는 인간 조건으로 보고 있지 않나 싶다. 제약사들이 항노화 약물 개발에 등을 돌리고 있는 현실은 그런 시각을 더욱 강화하고 있다.

어쩌면 그보다 중요한 요인일지 모르는데, 나는 사람들에게 노화학에 관해 이야기하면서 노화학이 크게 오해받고 있다는 사실을 깨달았다. 예를 들어 항노화 약물들은 종종 말년의 쇠퇴 기간을 연장하는 것으로 그려진다(동물에게서 수명을 연장하기 위해 개입한 결과는 전혀 그렇지 않았는데도). 사실 그런 개입들이 말년의 병적 상태를 지연하며 짧게 만들 수 있다는 증거들이 일부 존재한다. 그다음에는 항노화 약물들이 건강보험과 사회보장제도 비용을 치솟게 하리라는 우려가 있다(기대수명의 상승과 경제 번영의 유관 관계가 이미 오래전에 밝혀졌는데도 말이다. 건강과 부와 장수는 함께 간다). 그리고 일부 사람들은 인류의 '자연스러운' 수명을 건드린다는 생각 그 자체에 큰 불안감을 느낀다(비록 우리는 검치호에게* 창을 던지기 시작한 이래로 줄곧 부자연스러운 방식으로 우리의 수명을 늘려왔는데도 말이다).

* 고양잇과의 화석동물.

그래도 나는 최근 사고의 리더들이 감을 잡고 있다는 몇 가지 신호를 눈치챘다. 생쥐에게서 '노화 세포들'을 소거함으로써 노화의 신호들을 지연한 메이오클리닉의 연구에 관해, 수많은 기자들이 그런 연구가 그저 우리를 영원히 살게 만들려는 것이 아니라 건강한 기간, 좋은 건강 상태로 보내는 삶의 기간을 늘리는 것을 목표로 한다는 요점을 제대로 짚었다. 그리고 노화 연구 지지단체인 고령화연구연합(Alliance for Aging Research)은 최근 항노화 약물 개발의 길을 닦을 연구를 위한 지원을 이끌어내고자 '건강기간 캠페인(Healthspan Campaign)'을 출범했다. 그 캠페인은 미국노화연구연합(American Federation for Aging Research) 및 주요 노화학 재단 세 곳의 후원을 받고 있으며, 노벨수상자 네 명을 포함해 저명한 과학자 60여 명의 후원을 받는 국제적 노화학단체가 그 연구 목표의 초안을 잡았다. (나는 고령화연구연합에 그 캠페인에 관한 자문을 제공하고 배포용 백서를 작성했음을 밝혀둔다.)

이전에는 신뢰를 얻지 못하던 항노화 연구를 주류 의학 사업으로 바꾸어놓으려면 시간이 걸릴 테고, 나처럼 이미 머리가 세어가는 세대에게는 그 결실이 너무 늦게 올지도 모른다. 하지만 나는 놀랍도록 건강한 노화의 아주 현실적인 전망이야말로 내 세대가 우리 아이들에게 줄 수 있는 최고의 선물이라고 생각한다.

6-4 건강한 몸에 건강한 정신이 깃든다?

크리스토퍼 허트조그 Christopher Hertzog · 아서 크레이머 Arthur F. Kramer
로버트 윌슨 Robert S. Wilson · 울만 린든버거 Ulman Lindenberger

다 알다시피 운동을 하지 않으면 근육이 물렁물렁해진다. 그러나 운동을 하면 뇌 역시 더 나은 상태를 유지한다는 점은 대부분 사람들이 깨닫지 못한다. 예를 들어 그저 새로운 언어를 배우거나 어려운 크로스워드 퍼즐을 풀거나, 그 밖의 다른 지적으로 자극을 주는 과업을 수행함으로써 머리에 도전 과제를 주는 것만이 아니다. 연구자들이 밝히고 있듯이, 육체적 운동은 활기찬 정신 건강에도 핵심적이다.

놀랐다고? 비록 정신적으로 힘든 활동들을 수행함으로써 인지 기능을 훈련한다는 생각(흔히 "아끼다 똥 된다"라고 하는)은 더 잘 알려져 있지만, 몇십 편의 연구에 대한 검토 보고서는 정신적 통렬함을 유지하려면 그 이상이 필요하다는 것을 보여준다. 우리가 하는 다른 일들(생각이 요구되는 활동들에 참여하고, 정기적으로 운동하고, 사회적 활동에 참여하고, 심지어 긍정적 태도를 가지는 것까지 포함해)은 우리의 노년기 인지 기능에 상당한 영향력을 미친다.

더욱이 더 나이 든 뇌의 가소성(plasticity)은 흔히 알려진 것보다 더 높다. 과거에는 "늙은 개는 새로운 재주를 배우지 못한다"는 것이 고정관념이었다. 그러나 과학은 이 격언을 폐기해야 한다는 사실을 입증했다. 비록 더 나이 든 성인들은 일반적으로 새로운 활동을 익히는 속도가 젊은 사람들에 비해 더 느리고, 어떤 주어진 분야에서 젊은 시기에 시작했다면 달성했을지 모를 전문성의 정점에 도달하지도 못하지만, 그럼에도 노력을 통해 인지능력을 향상하고 노화에 따라오는 인지능력의 쇠퇴를 어느 정도 예방할 수 있다. 미국 건국의 아버지 중 한 사람이자 2대 대통령인 존 애덤스가 말했듯이, "늙은 정신은 늙은 말과 같다. 제대로 움직이는 상태로 유지하려면 운동을 해야만 한다."

그것은 시의적절한 소식이다. 미국을 비롯한 산업국가에서 인구 중 노년층이 차지하는 비율은 계속해서 증가한다. 1900년에 65세 이상 인구는 전체 미국 시민의 4.1퍼센트를 차지했지만 2000년에 이르자 그 비율은 12.6퍼센트로 껑충 뛰어올랐고, 2030년에는 우리 중 20퍼센트가 그 범주에 속하게 될 것이다. 사회적 관점에서 보면, 독립적 생활이 가능한 기간을 연장하는 것은 그 자체로 바람직한 목표인 동시에 장기적인 의료보험 지출을 미루는 방법이기도 하다. 개인적 수준으로 보자면, 최적의 인지 기능을 유지하는 것은 단순히 그 시간 동안 삶의 질을 향상한다는 사실만으로도 가치가 있다.

두뇌 훈련

평생 동안 정신의 민활함을 유지하는 방법은 고대의 철학자들이 남아 있는 가장 오래된 문헌들에서부터 연구해온 문제이다. 로마의 웅변가 키케로의 말마따나, "영혼을 지탱하고 정신의 활기를 유지하는 방법은 오로지 운동 하나뿐이다." 현대에서 이 분야 연구의 시초는 건강한 더 나이 든 성인들이 수행능력을 이전에 가능하다고 여겨지던 정도보다 훨씬 더 향상할 수 있음을 보여준 1970년대와 1980년대의 연구들이었다. 더 이전의 연구는 성인들이 훈련으로 얻은 새 기술들을 얼마나 오래 유지할 수 있는가, 구체적으로 발전시킨 그런 기술들이 매일의 삶에 필요한 다른 인지 영역들에도 긍정적 영향을 미치는가, 그리고 소수의 피험자들을 대상으로 한 연구가 사회 구성원 대부분에게 널리 적용될 수 있는가 하는 특정한 문제들을 철저히 다루지 않았다.

가장 최근 실험들은 인지 훈련이 더 나이 든 성인들에게서 상당한 효과를 보일 수 있으며, 그런 효과들이 비교적 지속적임을 확인해주었다. 지난 세기 말 즈음에 연방정부의 국립노화연구소는 한 연구 협력단에게, 노령의 미국인들을 대상으로 대규모 훈련 연구를 수행할 수 있도록 연구비를 지원했다. 2002년 앨라배마대학교 버밍햄캠퍼스의 심리학자인 칼린 볼(Karlene Ball)과 동료들은 2,500명이 넘는 65세 이상의 인구에게 약 10회의 인지 훈련을 실시한 초기 결과들을 발표했다. 참가자들은 세 분야(기억력, 추론, 시각적 탐색) 중 한 가지 기술을 향상하기 위한 세 인지 과정 수련 집단 중 하나, 또는 수련을 받지 않는 대조군으로 무작위 배정을 받았다. 그리고 2년 후 후속 연구에서는 원래 피험자들의 한 집단을 무작위로 선정해 평가 이전에 벼락치기로 수련을 받게 했다. 그 결과 각 수련 집단에 속했던 사람들은 대조군에 비해 강력한 훈련 효과를 보였다. 그리고 수행 능력 향상에는 한 구체적 패턴이 나타났는데, 예를 들어 시각적 탐색 훈련을 받은 피험자들은 그 부문에서 강력한 우위를 보였지만, 기억력과 추론 검사에서는 대조군과 거의 비슷했다. 그것은 수련 연구에서 발견되는 전형이었다. 5년 후 그 표본을 재검사한 데이터는 측정 가능한 훈련 이득들이 더 긴 시간이 지난 후에도 여전히 남아 있음을 발견했다.

그러나 더욱 인상적인 것은 심리학자들이 집행 기능(executive function)이라고 부르는 데 초점을 맞추는 최근 훈련 연구들이다. 집행 기능이란 한 과업에 대해 어떻게 전략적 접근 계획을 세우고 처리해야 할 것을 통제하며, 그 과정에서 어떻게 정신을 관리하는가를 말한다. 암기 방법 같은 무척 구체적인 기술에 초점을 맞추는 수련과 달리, 사고하는 방식에 대한 통제를 향상하는 것을 목표로 하는 수련은 사고를 요하는 많은 상황들에 도움이 되는 더 폭넓은 기술들에 작용하는 듯하다. 예를 들어 일리노이대학교의 심리학자 찬드라말리카 바삭(Chandramallika Basak)과 동료들은, 최근에 계획과 집행 통제를 요구하는 실시간 전략 비디오게임 수련이 단순히 게임 수행 능력만을 향상한 것이 아니라 집행 통제의 양상들을 측정하는 다른 과업들의 수행 능력도 증진했음을 보여주었다. 다른 결과들은 심리학자들이 인지 기능에 더 폭넓은 영향을 미칠 가능성이 있는 더 높은 수준의 기술들을 훈련하는 방법을 배워가고 있음을 보여준다.

그러나 우리는 인지 기능을 향상하거나 인지 퇴행을 멀리하기 위해 특수한 수련을 받을 필요는 없다. 독서 같은 매일의 활동들도 도움이 될 수 있다. 우리는 12건 이상의 연구에서 활동 관련 인지 향상의 증거를 살펴보았다. 시카고에 위치한 러시대학교부속병원의 신경심리학자 로버트 S. 윌슨(Robert S. Wilson)과 동료들은 2003년에 한 지리학적 공동체 출신의 노령 인구 4,000명 이상을 모집해 일곱 가지 인지 활동의 참여 빈도를 평가했다(예를 들어 잡지를 읽는 것 같은). 거의 6년의 연구 기간 동안 참가자들은 3년 간격으로 간단한 인지 기능 검사를 포함하는 자택 인터뷰를 치렀다. 연구 초기에 인지 활동이 더 잦았던 참가자들은 시간의 흐름에 따른 인지 퇴화의 속도가 더 느렸다.

몸을 쓰자

지난 10년 동안 육체적 활동과 인지 사이의 연결 고리를 부각한 몇 건의 연구 결과가 있었다. 예를 들어 2001년에 발표된 한 연구에서, 캘리포니아대학교 샌프란시스코캠퍼스의 신경정신병학자인 크리스틴 야페(Kristine Yaffe)와 동료들은 미국 전역의 의료원 네 곳에서 65세 이상 여성 5,925명을 모집했다. 참가자들은 모두 걷기나 다른 육체적 활동을 하는 능력을 제약하는 육체적 장애를 겪지 않았다. 자원자들은 또한 인지적 장애가 없음을 확인하는 검사도 받았다. 연구자들은 그 후 그 여성들에게 얼마나 많이 걷는지, 그리고 매일 계단을 몇 개나 오르는지 질문해 육체적 활동을 평가하고, 33가지 육체적 활동들에 관한 참여 수준을 묻는 설문지를 작성하게 했다. 6~8년 후에 연구자들은 그 여성들의 인지 기능 수준을 평가했다. 가장 활동적인 여성들은 인지능력 쇠퇴의 위험이 30퍼센트 더 낮았다. 흥미롭게도 걷는 거리는 인지와 관련이 있었지만, 걷는 속도는 무관했다. 가벼운 정도의 육체적 활동도 노년층의 인지능력 쇠퇴를 완화하는 듯하다.

가벼운 움직임도 좋지만, 유산소운동으로 순환계에 탄력을 주는 것은 어쩌면 건강한 뇌의 진짜 비결일지도 모른다. 70~79세의 건강한 노인 1,192명을 대상으로 한 1995년의 한 연구에서, 존스홉킨스대학교의 인지 신경과학자인 메릴린 앨버트(Marilyn Albert)와 동료들은 언어와 언어적 기능, 개념화와 시공간 지각력 검사를 포함한, 약 30분이 소요되는 일련의 과업들로 인지능력을 측정했다. 그리고 2년의 기간에 걸친 인지 변화의 가장 확실한 예측 요인은 격렬한 활동과 폐의 최대호기속도(expiratory flow rate)를* 포함한다는 결과를 내놓았다. 또한 2004년에 발표된 한 연구에서, 하버드대학교의 전염병학자인 제니퍼 위브(Jennifer Weuve)와 동료들은 70세 이상 간호사 1만 6,466명을 대상으로 육체적 활동과 인지능력 변화 사이의 관계를 검사했다. 참가자들은 그전 1년 동안 일주일에 얼마나 많은 시간을 다양한 육체적 활동들에 할애했는지 기록했고, 마일과 분 단위로 보행을 보고했다. 위브의 그룹은 일련의 대규모 인지 측정 단위를 통해 육체 활동에 소비한 에너지와 인지능력 사이의 상당한 관계를 관찰했다.

*호기(呼氣), 즉 내쉬는 숨의 최대 속도.

우리가 지금까지 살펴본 연구는 비교적 짧은 시간(겨우 몇 년)에 걸쳐 정신적 수행 능력을 검사했다. 몇몇 연구들은 더 긴 시간 단위에 걸쳐 일어나는 변화들을 살펴보기 시작했다. 2003년에 유니버시티칼리지런던의 정신과 의사인 마커스 리처즈(Marcus Richards)와 동료들은 남녀 1,919명으로 이루어진 집단을 대상으로 36세 나이에 스스로 보고한 육체적 운동과 여가 활동이 각각 43세의 기억력과 43~53세의 기억력 변화에 미치는 영향을 검사했다. 분석 결과 36세 때 육체적 활동을 비롯한 여가 활동들에 참여한 사람들은 43세 때의 기억력 점수가 더 높았다. 여가 활동을 비롯한 변수들을 조정했을 때,

36세 때의 육체적 활동은 43~53세의 기억력 감퇴 속도 저하와 관련이 있었다. 또한 데이터에 따르면 36세 이후에 운동을 그만둔 사람은 기억력 보존 효과를 거의 누리지 못했지만, 그 이후에 운동을 시작한 개인들은 기억력 보호 효과를 누렸다.

2005년에 스웨덴 카롤린스카연구소의 대학원생인 수비 로비오(Suvi Rovio)와 동료들은 중년기의 육체적 활동과 그로부터 평균 21년 후 65~79세 때의 치매 위험 사이의 관계를 검토했다. 참가자들은 최소 20~30분간 지속되며 숨이 가빠지고 땀이 날 정도의 육체 활동들에 얼마나 자주 참여하는가를 스스로 보고했다. 중년기에 그런 활동을 적어도 일주일에 두 번 한 사람들은 노년기 치매 위험이 저하되었다. 사실 더욱 활동적인 집단에 속한 참가자들은 좀 더 정체적인 집단에 비해 치매에 걸릴 확률이 52퍼센트나 낮았다.

정신과 육체의 관계

정신적 자극을 주는 활동들에 참여하거나 훈련을 받는 것이 인지능력에 도움이 된다는 생각은 합리적이지만, 육체적 활동이 그런 효과를 발휘한다는 생각은 그처럼 바로 와 닿지 않을지도 모른다. 문헌들에 의해 갈수록 확실히 입증되는 육체적 활동과 질병 사이의 관계를 생각해보자. 이미 지나칠 정도로 많은 연구들이 운동과 정적이지 않은 생활양식이 질병 예방에 미치는 건강상의 이득들을 살펴보았다. 예를 들어 우리는 이제 육체적 활동이 심혈관계와 관련된 사망, 2형 당뇨병, 대장암과 유방암, 그리고 골다공증의 위험을 줄인다는 것을 알고 있다. 다른 한편 심혈관계 질환과 당뇨병과 암은 인지능력 저하와 관련 있는 것으로 여겨져왔다. 따라서 육체적 활동과 운동을 늘리면 인지 퇴화와 관련된 질환들의 위험을 줄임으로써 인지능력을 유지할 수 있을지도 모른다.

일리노이대학교의 심리학자인 스탠리 J. 콜콤비(Stanley J. Colcombe)와 동료들은 2006년에 발표된 한 연구에서, 피트니스 훈련이 뇌 구조의 잠재적 변화들에 미치는 영향력을 검토했다. 6개월에 걸친 그 실험은 건강하지만 정적인 생활을 하는 60~79세의 지역사회 주민 59명을 대상으로 했다. 피트니스 훈련 후 뇌 스캔 결과는 비교적 짧은 운동일지라도 일반적인 노화와 관련된 뇌 용적의 손실을 어느 정도 복구하는 효과가 있음을 보여주었다.

이런 발견들을 뒷받침한 것은 인간을 제외한 동물들의 큰 집합을 대상으로 한 연구로, 그 연구는 동물들이 풍요롭거나 복잡한 환경에 노출된 후에 뇌 구조와 기능에 많은 변화를 일으킨다는 것을 보여주었다. 풍요로운 환경이란 보통 쳇바퀴와 다수의 장난감들, 기어오를 수 있는 물건들, 그리고 동물 친구들을 포함한다. 그런 환경에 노출된 동물들은 몇 가지 생리학적 이득을 누렸다. 우선 그것은 새로운 수상돌기들과 시냅스들(신호들을 받고 보내는 신경세포들의 영역)의 정보를 증가시킨다. 또한 신경교세포의 수를 증가시키는데, 그러면 뉴런의 건강이 강화되고 뇌의 산소 공급 모세혈관망이 확장된다. 풍요로운 환경은 새로운 뉴런의 발달을 촉진하고, 뉴로트로핀(neurotrophin, 뇌를 보호하고 성장시키는 분자들)의 증가 같은 분자와 신경화학적 변화들의 연쇄 작용을 일으킨다.

누군가에게는 퍼즐과 팔굽혀펴기가 도움이 되지만, 다른 요인들 또한 정신적 피트니스를 증진한다. 우선 한 가지로, 사회적 단체들에 참여하는 것은 일반적인 인지 기능을 향상하는 동시에 치매의 발달을 늦추는 데도 도움이 되는 듯하다. 이 연구의 전통적 초점은 연결성(connectedness) 대 사회적 고립의 비교적 객관적인 계측에 있었다. 연결성이란 사회적 상호작용과 관련된 활동들(예컨대 자원봉사)에 참여하는 정도, 정기적으로 연락하는 친구들과 친척들의 수(다른 말로, 사회적 연결망의 크기), 그리고 결혼 여부 등을 포함한다. 태도와 신념의 긍정적 양상들이 성인의 인지능력에 미치는 영향을 살펴본 연구 결과들은 그보다 더 들쭉날쭉하다. 대체로 긍정적 신념과 태도들은 인지 풍부화(cognitive enrichment)와 관련된 것으로 알려진 종류의 행동들(예를 들어 운동과 정신적으로 자극을 주는 활동들)에 미치는 영향력 때문에, 인지 풍부화에 간접적이지만 중요한 영향력을 미칠 수도 있다.

더욱 일반적으로, 낙천적이고 쾌활하며 새로운 경험에 개방적인 데다 성실하고 긍정적 동기가 있으며 목표 지향적인 개인들은 곱게 늙고, 기회를 포착하고, 삶의 상황들에 좀 더 효과적으로 대처하고, 사건들에 대한 감정적 반응들을 효과적으로 통제하고, 도전에 직면했을 때 안정감과 삶의 만족감을 유지할 가능성이 높다.

그리고 노령에 일부 활동 패턴들을 유지하는 것이 인지능력 저하의 위험을 줄여주는 것과 똑같이, 다른 행동 패턴들을 유지하는 것은 실제로 위험을 줄여줄지도 모른다. 우울과 불안, 그리고 분노와 수치심 같은 부정적 감정들에서 나오는 만성적인 심리적 스트레스는 성인기의 다양한 부정적 결과들과 관련되는데, 거기에는 인지능력 저하도 포함된다. 심리적 스트레스를 겪는 경향을 일러 흔히 신경증이라고 한다. 심한 신경증이 노령기 알츠하이머 및 경도 인지장애 발병 위험 증가와 관련된다는 연구 결과가 지속적으로 제시되었다.

인지 풍부화

마법의 약이나 주사 한 방으로 노령기의 인지 퇴화를 없앨 수 없다는 것은 분명한 사실이다. 따라서 인지 풍부화와 관련된 공공 정책은 보건 예방 모델을 따라야 한다. 정책 지도자들은 더 큰 사회적 맥락에서 성인들에게 의미 있는 지적 활동들을 촉진할 수 있다(예를 들어 엘더호스텔 운동이나* 성인의 평생 교육 같은). 미래 연구의 한 핵심 의제는 참여적인 삶의 방식이 중년기의 직업 환경에서 어떻게 고취되고 실행될 수 있는가를 이해하는 것이리라. 업무상 요구들과 그 밖의 역할들(예를 들어 부모 역할)이나 활동들에 쏟아야 하는 시간 사이의 불가피한 충돌을 감안하면, 직업 관련 활동 프로그램들(사무실이나 그 근처에 육체적 운동을 할 수 있는 시설이 있고, 그것을 사용하는가)이 풍요로운 생활양식을 촉진하는 데 이로움을 아는 것이 도움이 될 것이다.

*미국의 노인 대상 프로그램.

동시에 대중은 노년기의 인지적 피트니스에 관해 아직 알려지지 않은 부분들이 많다는 것을 인지해야 한다. 또한 정신적 운동이 발휘하는 효과의 정도와 지속성에 관한 논쟁들도 있다. 사람들은 컴퓨터게임들과 다른 정신 운동 수단들을 상품으로 내놓기 시작하고 있다. 그런 제품들은 종종 값이 비싸고, 실제 과학적 연구들로 뒷받침되지 않은 효과를 과대 광고한다. 소비자들은 그런 제품들이 실제로 이롭다는 증거가 있는지 확인해야 한다. 물론 노년기의 정신적 피트니스를 증진하는 데 필요한 모든 요소가 한 제품에 다 포함되어야 할 필요는 없다.

앞으로 다가올 10년 동안 노화와 인지에 관련된 우리의 지식은 크게 확장될 것이다. 한때 노년기 인지 능력 저하는 도저히 극복할 수 없는 한계로 여겨졌다. 우리는 앞으로 인지 풍요화를 통해 인간의 기능을 최대화하기 위해 노력해야 할지, 아니면 그보다 비관적으로 관측 가능한 노화 관련 쇠퇴에 초점을 맞추어야 할지를 알게 될 것이다. 의학의 발전이 치매 유발 질병들의 효과적 치유책 같은 수단들을 통해 수명 증가로 이어질 수 있듯이, 심리학의 진보는 장수하는 노년층의 삶을 질적으로 개선하는 데 크게 기여할 수 있다. 태도와 행동들이 노년기의 인지 기능을 촉진할 수 있음을 경험적으로 보여주는 것 역시 그런 기여의 하나지만, 그보다 일반적인 기여는 행동적 개입들이 어떻게 우리 모두가 성공적으로 노화하도록 돕는가를 보여주는 것이리라.

운동의 힘

유산소운동(걷기)을 한 고령층은 집행(계획과 멀티태스킹 관련), 통제(새로운 상황에 반응하는 노력이 필요한 과정), 공간(지각이나 기억에서 공간 정보를 다루는), 그리고 속도 같은 인지능력 분야에서 스트레칭과 미용체조 프로그램에 참여한 참가자들(통제군)을 능가했다.

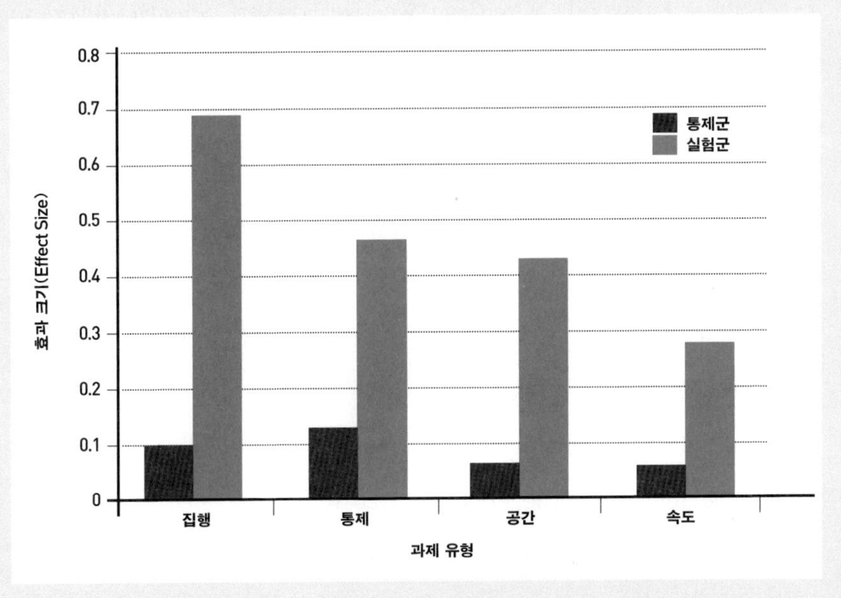

저작권: Stanley J. Colcombe and Arthur F. Kramer

출처

1. A Matter of Time : The Aging Process

1-1 Thomas Kirkwood, "Why Can't We Live Forever", *Scientific American* 303(3), 42~49. (September 2010)

1-2 Harvey B. Simon, "Longevity: The Ultimate Gender Gap", *Scientific American* 290(6), 18~23. (June 2004)

1-3 Sandra Upson, "'Super Agers' Stay Young in the Mind", Scientific American online, November 16, 2011.

2. Genetic Metronome : Telomeres

2-1 Katie Moisse, "Genetic Variant Linked to Faster Biological Aging", Scientific American online, February 8, 2010.

2-2 Katherine Harmon, "Do Phobias Hasten Aging?", Scientific American online, July 11, 2012.

2-3 Carol W. Greider and Elizabeth H. Blackburn, "Telomeres, Telomerase and Cancer", *Scientific American* 274(2), 92~97. (February 1996)

2-4 Thea Singer, "Actuary of the Cell", *Scientific American* 305(4), 84~87. (October 2011)

2-5 David Stipp, "Quiet Little Traitors", *Scientific American* 307(2), 68~73. (August 2012)

3. Radical Damage

3-1 Melinda Wenner Moyer, "The Myth of Antioxidants", *Scientific American* 308(2), 62~67. (February 2013)

3-2 Kate Wilcox, "Free Radical Shift", *Scientific American* 300(5), 20~22. (May 2009)

3-3 Kathryn Brown, "A Radical Proposal", *Scientific American* 14(6), 30~35. (June 2004)

3-4 Mary Franz, "Your Brain on Blueberries", *Scientific American Mind* 21(1), 54~59. (January/February 2011)

4. Caloric Restriction : Does Less Mean More?

4-1 Gary Stix, "Cutting Calories May Not Mean a Longer Life", Scientific American online, August 29, 2012.

4-2 Larry Greenemeier, "Does Overeating Cause Dementia?", Scientific American online, February 23, 2012.

4-3 David A. Sinclair and Lenny Guarente, "Unlocking the Secrets of Longevity Genes", *Scientific American* 294(3), 48~57. (March 2006)

4-4 David Stipp, "A New Path to Longevity", *Scientific American* 306(1), 32~39. (January 2012)

5. Alzheimer's Disease and Age-Related Dementia

5-1 Daisy Yuhas, "Cracks in the Plaques : Progress in Alzheimer's Research", Scientific American online, February 6, 2012.

5-2 Gary Stix, "Alzheimer's Disease Symptoms Reversed in Mice", Scientific American online, February 9, 2012.

5-3 Michael S. Wolfe, "Shutting Down Alzheimer's", *Scientific American* 29(5)4, 72~79. (May 2006)

5-4 Gary Stix, "Alzheimer's : Forestalling the Darkness", *Scientific American* 302(6), 50~57. (June 2010)

6. The Quest for Longevity

6-1 Barbara Juncosa, "Is 100 the New 80?", Scientific American online, October 28, 2008.

6-2 Katherine Harmon, "How We All Will Live to Be 100", *Scientific American* 307(3), 54~57. (September 2012)

6-3 David Stipp, "Quest for Anti-Aging Drugs Goes Mainstream", Scientific American Online December 20, 2011.

6-4 Christopher Hertzog, et al., "Fit Body, Fit Mind?", *Scientific American Mind* 20, 24~31. (July/August 2009)

저자 소개

게리 스틱스 Gary Stix, 《사이언티픽 아메리칸》 기자

데이비드 스팁 David Stipp, 의학 · 생물학 전문 기자

데이비드 싱클레어 David A. Sinclair, 하버드대학교 교수(의학)

데이지 유하스 Daisy Yuhas, 《사이언티픽 아메리칸》 기자

래리 그리너마이어 Larry Greenemeier, 《사이언티픽 아메리칸》 기자

레니 과렌테 Lenny Guarente, 매사추세츠공과대학교 교수(생물학)

로버트 윌슨 Robert S. Wilson, 러시대학교 교수(의학)

마이클 울프 Michael S. Wolfe, 노스웨스턴대학교 교수(의학)

메리 프란츠 Mary Franz, 과학 전문 기자

멜린다 웨너 모이어 Melinda Wenner Moyer, 건강 전문 기자, 뉴욕시립대학원 강사

바버라 준코사 Barbara Juncosa, 시트러스대학교 교수(생물학)

샌드라 업슨 Sandra Upson, 《미디엄(Medium)》 편집자(Senior Editor)

아서 크레이머 Arthur F. Kramer, 일리노이주립대학교 교수(심리학)

엘리자베스 블랙번 Elizabeth H. Blackburn, 캘리포니아대학교 교수(생물학), 2009년 노벨상 수상

울먼 린든버거 Ulman Lindenberger, 막스플랑크연구소 연구원

캐럴 그리더 Carol W. Greider, 존스홉킨스대학교 교수(생물학), 2009년 노벨상 수상

캐서린 하먼 Katherine Harmon, 과학 전문 기자

캐스린 브라운 Kathryn Brown, 하워드휴스의학연구소(HHMI) Head Of Communications

케이트 윌콕스 Kate Wilcox, 건강 전문 기자, 뉴욕시립대학원 강사

케이티 모이스 Katie Moisse, 《디지털 헬스》 편집자(Simons Foundation)

크리스토퍼 허트초그 Christopher Hertzog, 조지아공과대학교 교수(심리학)

테아 싱어 Thea Singer, 생물학 전문 기자

토머스 커크우드 Thomas Kirkwood, 뉴캐슬대학교 교수(의학)

하비 사이먼 Harvey B. Simon, 매사추세츠공과대학교 교수(의학)

한림SA 02

고령화 시대,
영원한 젊음은 가능한가?

노화의 비밀

2016년 4월 15일 1판 1쇄

엮은이 사이언티픽 아메리칸 편집부
옮긴이 김지선

펴낸이 임상백
기획 류형식
편집 김좌근
독자감동 이호철, 김보경, 전해윤, 김수진
경영지원 남재연

ISBN 978-89-7094-873-7 (03470)
ISBN 978-89-7094-894-2 (세트)

* 값은 뒤표지에 있습니다.
* 잘못 만든 책은 구입하신 곳에서 바꾸어 드립니다.

펴낸곳 한림출판사
주소 (03190) 서울시 종로구 종로 12길 15
등록 1963년 1월 18일 제 300-1963-1호
전화 02-735-7551~4
전송 02-730-5149
전자우편 info@hollym.co.kr
홈페이지 www.hollym.co.kr
페이스북 www.facebook.com/hollymbook
트위터 @hollymbook (https://twitter.com/hollymbook)

표지 제목은 아모레퍼시픽의 아리따글꼴을 사용하여 디자인되었습니다.